Die Bibliothek der Technik
Band 208

Technische Keramik

Werkstoff für höchste Ansprüche

Klaus-Dieter Linsmeier

verlag moderne industrie

Dieses Buch wurde mit fachlicher Unterstützung
der CeramTec GmbH erarbeitet.

Zweite, überarbeitete und erweiterte Auflage, 2010

© Alle Rechte bei
Süddeutscher Verlag onpact GmbH, 81677 München
www.sv-onpact.de
Abbildungen: Nr. 4 Uwe Happel, Institut für Mineralogie
und Lagerstättenlehre, RWTH Aachen; Nr. 44 Fotolia; alle übrigen
CeramTec GmbH, Plochingen
Satz: abavo GmbH, 86807 Buchloe
Druck und Bindung: Sellier Druck GmbH, 85354 Freising
Printed in Germany 889097
ISBN 978-3-937889-97-9
ISBN der Erstausgabe (2000): 3-478-93238-6
© verlag moderne industrie, 86895 Landsberg/Lech

Inhalt

Technische Keramik – Werkstoff für höchste Ansprüche	**4**
Keramik ist nicht gleich Keramik	**6**
Definition	6
Übersicht: die großen Gruppen	8
Herstellung der Ausgangsstoffe	**13**
Aluminiumoxid	13
Zirkonoxid	15
Siliziumnitrid	16
Siliziumcarbid	17
Vom Rohstoff zum Granulat	**18**
Formgebungsverfahren	**20**
Pressen	20
Plastische Verfahren	21
Tradition und Innovation: der Guss	22
Vom Grünling zum Fertigteil	**24**
Grünbearbeitung	24
Sintern	25
Nachbearbeitung	27
Abschließende Qualitätsprüfung	28
Keramikgerechtes Konstruieren	**30**
Grundregeln	30
Verbindungstechniken für Module	33
Keramik in der Anwendung	**36**
Textilindustrie	36
Metallbearbeitung	38
Verschleißschutz im Anlagenbau	47
Chemie-, Energie- und Umwelttechnik	50
Elektrotechnik und Elektronik	56
Ballistischer Schutz	65
Fahrzeugtechnik	67
Medizintechnik	72
Zusammenfassung und Ausblick	**81**
Der Partner dieses Buches	**83**

Technische Keramik – Werkstoff für höchste Ansprüche

Eine alltägliche Szene: Um uns ein Bad einlaufen zu lassen, betätigen wir den Hebel der Mischarmatur und verändern seine Stellung so lange, bis uns die Wassertemperatur angenehm erscheint. Hunderte, ja tausende Male soll dieser Mischer seinen Dienst tun. Das erfordert selbst im Haushalt einen extrem verschleiß- und korrosionsfesten Werkstoff. Eine Lösung hierfür bietet die Technische Keramik (Abb. 1).

Anwendungsfelder

Wenigen sind all die Anwendungen bekannt, in denen dieses Material im Verborgenen wirkt, um extremen Anforderungen zu genügen, etwa in der Elektronik, der Elektrotechnik, im Maschinenbau, in der Textilproduktion, in der Medizintechnik oder im Automobilbau. So beruht die Miniaturisierung elektronischer Schaltungen nicht allein auf dem Silizium als Halbleitermaterial, sondern auch auf Substraten aus Aluminiumoxidkeramik, die einen kompakten Aufbau der Schaltungen ermöglichen.

Eigenschaften

In einigen Bereichen haben Technische Keramiken Metalle und Kunststoffe längst verdrängt, denn sie sind äußerst hart und sehr verschleißfest. Weder extreme Temperaturen noch aggressive Medien können ihnen etwas anhaben, sie isolieren gegen elektrische Spannungen und sind in der Regel gute Wärmeisolatoren. Es gibt aber auch spezielle Keramiksorten, die genau gegensätzliche Eigenschaften aufweisen.

Zusammenfassend kann gesagt werden: Technische Keramik findet insbesondere in solchen Bereichen Anwendung, in denen andere Materialien an ihre Grenzen stoßen oder in denen

Technische Keramik – Werkstoff für höchste Ansprüche

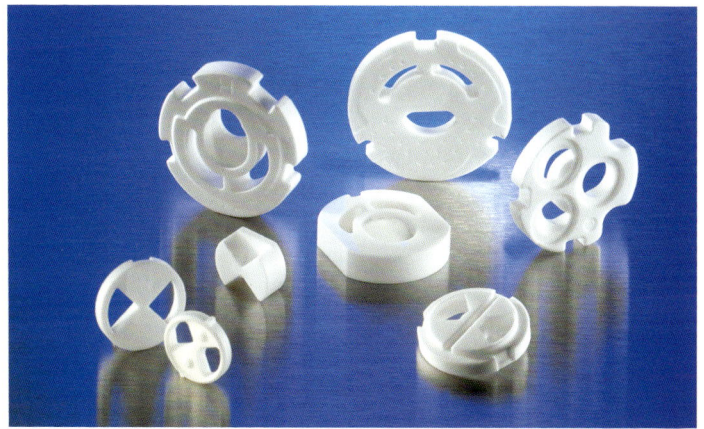

Abb. 1:
Verborgene Helfer:
In Sanitärarmaturen eingesetzte Dicht- und Regelscheiben aus Technischer Keramik steuern Wasserfluss und Temperatur.

die Effizienz von Systemen verbessert werden soll. Die klassischen Argumente gegen den Einsatz der Keramik wie »Sprödigkeit« und »Kosten« gelten heute nicht mehr in gleichem Maße wie früher. Das gewachsene Know-how hinsichtlich der Einflüsse des Gefüges auf die Eigenschaften der Keramik hat zur Weiterentwicklung der Keramiksorten geführt. So konnten Festigkeiten und Zuverlässigkeiten im Vergleich zu früher deutlich gesteigert werden. Außerdem können Bauteile durch Simulationsrechnungen heute so gut ausgelegt werden, dass Spannungsspitzen vermieden werden.

Der Einkauf eines Bauteils aus Keramik ist nach wie vor teurer als der eines Bauteils aus Metall oder Kunststoff. Betrachtet man jedoch die Wirtschaftlichkeit des Gesamtsystems, in dem die Keramik eingesetzt wird, liegen die Vorteile oft bei der keramischen Lösung, da geringere Wartungs- und Reparaturaufwendungen anfallen und sich somit die Produktivität erhöht. So bilden die einzelnen Sorten der Technischen Keramiken eine Werkstofffamilie mit einem hohen Innovationspotenzial, das noch lange nicht ausgeschöpft ist.

Hohes Innovationspotenzial

Keramik ist nicht gleich Keramik

Definition

Kunstwerke und Waren aus gebranntem Ton oder Porzellan begleiten die Menschheit schon seit Jahrtausenden. Wie Fundstücke belegen, wurden bereits vor mehr als 24 000 Jahren Kleinplastiken und Tierfiguren aus Ton gefertigt, vor etwa 8000 Jahren auch Nutzgefäße. Mit der Erfindung des Stroms und der Glühbirne Mitte des 19. Jahrhunderts wurde Keramik aufgrund ihrer Eignung als Isolationswerkstoff erstmals im Bereich der Technik eingesetzt. Seitdem wurden die keramischen Werkstoffe erforscht, beschrieben und systematisch weiterentwickelt.

Eine eindeutige Definition, was unter dem Begriff Keramik zu verstehen sei, ist nur eingeschränkt möglich, da es eine ganze Familie von Keramiken gibt, die aus verschiedenen

Keramikfamilie

Abb. 2:
Ein Beweis für höchste Leistungsfähigkeit: Bis die Standzeit einer Schneidkante erschöpft ist, hat sie durchschnittlich 125 000 Schläge überstanden. Die Gesamtleistung einer achtkantigen Schneidplatte liegt demnach bei etwa einer Million Schlägen.

chemischen Substanzen aufgebaut sind und teilweise über sehr unterschiedliche Eigenschaften verfügen. Eine bekannte Definition besagt, dass es sich bei Keramik um einen nichtmetallischen, anorganischen, temperaturbeständigen Werkstoff handelt, der zu mindestens 30 % kristallin ist und sich nur schwer oder gar nicht in Wasser auflöst.

In der Regel werden Keramiken folgendermaßen gefertigt: Bei Raumtemperatur formt man aus einer Rohmasse – im Wesentlichen aus keramischem Pulver und Bindemittel bestehend – einen halb festen, noch nicht belastbaren Rohling, der beim sogenannten Sintern zu einem harten Körper verdichtet wird und seine werkstofftypischen Eigenschaften erhält.

Fertigung

Messen die Gefügebestandteile weniger als 0,1mm im Durchmesser, spricht man von der Feinkeramik (sonst von der Grobkeramik). Dazu zählen Porzellan und Wandfliesen, Kunstkeramik, Schleifmittel sowie die Technische Keramik. Wie der Name es suggeriert, umfasst diese Gruppe alle feinkeramischen Werkstoffe und Produkte, die in technischen Bereichen Verwendung finden.

Innerhalb dieser Gruppe lässt sich eine weitere Unterteilung treffen. Eine Struktur- bzw. Konstruktionskeramik kommt dann zum Einsatz, wenn besonders hohe mechanische Belastungen aufzunehmen sind, wie sie zum Beispiel auf Schneidplatten aus Keramik wirken, die zur Zerspanung von Metallteilen eingesetzt werden (Abb. 2). Deshalb müssen diese Materialien sehr hart, formbeständig und fest sein; bei entsprechender Anwendung sollten sie die genannten Eigenschaften auch bei hohen Temperaturen aufweisen, im medizinischen Einsatz (als Beispiel sind hier Hüftgelenkprothesen zu nennen) zudem physiologisch verträglich sein.

Strukturkeramik

Sogenannte Funktionskeramiken verwendet man ihrer besonderen funktionellen Eigen-

Funktionskeramik

Hochleistungs-keramik

schaften wegen, beispielsweise aufgrund ihrer hohen elektrischen Isolierfähigkeit. Zu der Gruppe der Funktionskeramiken zählen auch die im Kapitel »Elektrotechnik und Elektronik« vorgestellten Piezokeramiken (siehe S. 63 f.).

Sogenannte Hochleistungskeramik umfasst die bislang genannten Kennzeichen der Struktur- und Funktionskeramik und muss besonders hohen Ansprüchen genügen, beispielsweise eine ausgesprochene Verschleiß- und Hitzebeständigkeit (Schneidkeramik) oder eine hohe Kriechstromresistenz (Sicherungsbauteil, Isolator) aufweisen. Ferner muss sie als Ersatzmaterial für Knochen oder für Zahnimplantate geeignet sein (Biokeramik).

Übersicht: die großen Gruppen

Mittlerweile haben sich vier große Gruppen keramischer Werkstoffe herausgebildet: Silikat-, Oxid- und Nichtoxidkeramiken sowie Piezokeramiken. Eine grobe Übersicht über die Eigenschaftsprofile von Oxid- und Nichtoxidkeramiken liefert Tabelle 1. Sie soll anhand typischer Vertreter der jeweiligen Gruppe vor allem eines veranschaulichen: Die Wahl des geeigneten Werkstoffs für eine Anwendung erfordert Erfahrung und Fingerspitzengefühl.

Technische Keramiken sind sehr hart und halten hohe Temperaturen aus, Bauteile daraus aber brechen, wenn sie über einen Schwellenwert hinaus belastet werden, während sich beispielsweise solche aus Metall vor dem Bruch zunächst plastisch verformen können. Diese Unterschiede sind bereits auf atomarer Ebene angelegt: In Keramiken herrschen ionische bzw. kovalente Bindungen zwischen den Atomen vor; sie sind stärker als die metallische Bindung, lassen aber andererseits nur ein geringes duktiles Verhalten zu.

Tab. 1 (gegenüber): Die wichtigsten Hochleistungskeramiken in einer vereinfachten Gegenüberstellung

Übersicht: die großen Gruppen

	Einheit	Silikate	Aluminiumoxid		Zirkonoxid		Siliziumcarbid	Siliziumnitrid
Wesentliche Eigenschaften		hohe Isolierfähigkeit, geringe Wärmeleitfähigkeit	hohe Härte, gute Verschleißfestigkeit bei Abrasion, geringe elektrische Leitfähigkeit, gutes Preis-Leistungs-Verhältnis		ähnliche mechanische Eigenschaften (Elastizitätsmodul, thermische Längenausdehnung) wie Stahl, daher besonders für Verbundbauteile Stahl/Keramik geeignet; härter als Stahl, geringe Wärmeleitfähigkeit, gute Tribologie		äußerst hart, relativ leicht, gut wärmeleitend, gute Tribologie, thermoschockbeständig	höchste mechanische Festigkeit, äußerst bruchzäh, hohe Härte, relativ leicht, thermoschockbeständig
Hauptbestandteil		$SiO_2 - MgO$	96 – 99,1 % Al_2O_3	99,8 % Al_2O_3	ZrO_2-MgO	ZrO_2-Y_2O_3	SiC	Si_3N_4-Y_2O_3
Rohdichte	g/cm³	2,2 – 2,8	3,80 – 3,82	3,96	5,74	6,08	3,10	3,21
Biegefestigkeit	MPa	110 – 180	280 – 350	500	500	1000	350	750
Druckfestigkeit	MPa	–	2000	4000	1600	2200	2000	3000
Bruchzähigkeit K_{1C}	Mpa m$^{1/2}$	–	4	4,3	8,1	10	3,8	7,0
E-Modul (dynamisch)	GPa	70 – 120	270 – 340	380	210	210	350	305
Vickershärte	GPa	–	14 – 17	18	13	13	25	16
Wärmeleitfähigkeit	W/mK	2 – 5	24 – 28	30	3	2,5	100	21
Längenausdehnungskoeffizient (20 – 400 °C)	10^{-6} K^{-1}	4 – 7	7,1 – 7,3	7,5	10,2	10,4	3,5	3,2
Maximale Einsatztemperatur	°C	1000	1400	1500	850	1000	1800	1600

10 Keramik ist nicht gleich Keramik

Eigenschaften von Aluminiumoxid, …

In den Oxidkeramiken dominieren ionisch-kovalente Mischbindungen. Der wichtigste derartige Werkstoff ist das Aluminiumoxid (Al_2O_3). In mehr als 80 % der Anwendungen ist es das Material der Wahl, sei es in reiner Form oder in Kombination mit anderen Oxiden wie etwa Silikaten. Diese bedeutende Stellung verdankt das Al_2O_3 nicht allein seinen herausragenden Eigenschaften – es ist zum Beispiel verschleißfest, elektrisch isolierend und korrosionsbeständig –, sondern auch der Tatsache, dass es nach gebundenem Sauerstoff und Silizium das dritthäufigste Element in der Erdkruste ist (8,23 Masse-%). Zudem ist seine Herstellung aus dem Rohstoff Bauxit bereits seit etwa 1928 bekannt und die Verarbeitung wurde seitdem immer weiter verbessert.

Die ältesten Vertreter der Werkstoffe für Technische Keramik aber sind die Silikate. Diese werden überwiegend aus natürlichen Rohstoffen in Verbindung mit Aluminiumoxid zu Werkstoffen wie Steatit, Cordierit, Mullit und vielen weiteren Varianten verarbeitet. Diese Werkstofftypen zeichnen sich durch eine sehr niedrige Wärmeleitfähigkeit und eine hohe

Abb. 3:
Die monokline und die tetragonale Modifikation von Zirkonoxid (rot: Zirkoniumionen; blau: Sauerstoffionen)

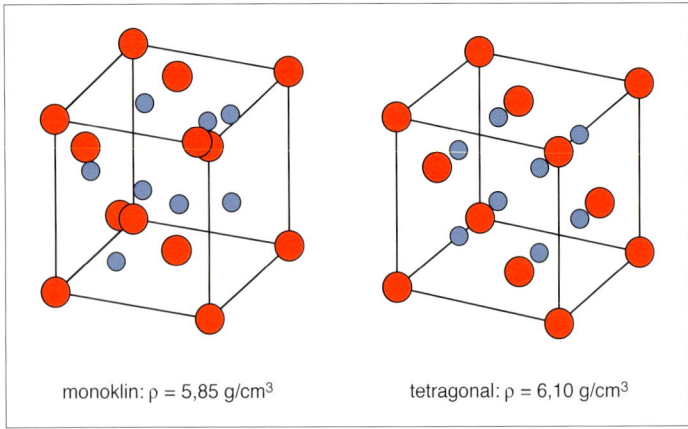

monoklin: ρ = 5,85 g/cm³   tetragonal: ρ = 6,10 g/cm³

elektrische Isolierfähigkeit aus. Sie sind vor allem für hohe Prozessfähigkeit auch bei Großserien optimiert und bieten dank ihrer silikatischen Rohstoffbasis ein sehr gutes Preis-Leistungs-Verhältnis für die Fertigung von Sicherungsbauteilen, Reglergehäusen oder auch Elektrowärmeanwendungen.

… **Silikat-keramik**, …

Durch die Zugabe von Fremdstoffen und die Wahl der Bedingungen bei der Weiterverarbeitung lässt sich das Gefüge keramischer Werkstoffe beeinflussen. Ein Beispiel dafür ist das Zirkonoxid (ZrO_2), in dem ebenfalls Ionenbindungen dominieren. Es tritt je nach Temperatur in drei verschiedenen Kristallformen auf, die sich im Volumen unterscheiden. Unterhalb von 1175 °C ist ZrO_2 monoklin, dann wird es tetragonal (Abb. 3), ab 2300 °C kubisch (mit diesen Fachtermini bezeichnet man drei der sieben Grundsymmetrien eines Kristallgitters).

… **Zirkon-oxid**, …

In der Anwendung profitiert man von der Tatsache, dass monoklines ZrO_2 ein etwas größeres Volumen bzw. eine geringere Dichte ρ hat als die anderen beiden Modifikationen. Erreicht nun ein durch die Keramik laufender Riss einen tetragonalen Kristall, löst das eine Umwandlung in die monokline Form aus. Diese sogenannte Umwandlungsverstärkung verzehrt einen Teil der Energie des Risses und bewirkt zudem eine Verzweigung seines Verlaufs, was die Steigerung der Risszähigkeit zur Folge hat.

Um diesen Mechanismus nutzen zu können, muss die Rückwandlung der tetragonalen in die monokline Form während der Abkühlung verhindert werden. Dazu dienen Beimischungen (Dotierungen) etwa von Magnesiumoxid (MgO) oder Yttriumoxid (Y_2O_3), welche die kubische und die tetragonale Modifikation stabilisieren.

Fast ausschließlich kovalente Bindungen bestimmen das Verhalten der Nichtoxidkeramik Siliziumnitrid (Si_3N_4), dem wichtigsten Vertre-

… **Silizium-nitrid** …

ter der Stickstoffverbindungen unter den keramischen Werkstoffen. Geringe Dichte, hohe Festigkeit bei Temperaturen über 1000 °C sowie thermische und chemische Beständigkeit sind die Folge. Eine Kristallmodifikation des Si_3N_4 zeichnet sich durch nadelförmige Körner aus, die sich ineinander verhaken und so einem Riss mehr Widerstand entgegensetzen.

… und Siliziumcarbid

Nur der Diamant oder die exotischeren Keramiksorten Borcarbid (B_4C) und kubisches Bornitrid (BN) übertreffen den synthetischen Werkstoff Siliziumcarbid (SiC) noch an Härte. Zu den überragenden Eigenschaften dieser ebenfalls zur Gruppe der Nichtoxide zählenden Keramik gehören darüber hinaus eine außerordentliche Beständigkeit gegen extrem hohe Temperaturen, Säuren und Laugen, die geringe Ausdehnung bei Wärme, eine dem Aluminium vergleichbare Wärmeleitfähigkeit sowie die sehr niedrige Dichte.

Herstellung der Ausgangsstoffe

Damit Keramiken sehr genau spezifizierte Eigenschaften erbringen, verwendet man chemisch sehr reine Ausgangsstoffe feinster Körnung.

Aluminiumoxid

Bauxit, ein gelbbraunes Sedimentgestein, benannt nach seinem Entdeckungsort Les-Baux-de-Provence, bildet die Grundlage der Aluminiumproduktion. Größtenteils gewinnt man es im Tagebau in den Minen Afrikas, Australiens, Asiens, Mittel- und Südamerikas (Abb. 4). Der

Abb. 4:
Aus dem Rohstoff Bauxit gewinnt man nach aufwendigen chemischen Umwandlungsprozessen das gewünschte Aluminiumoxid.

14 Herstellung der Ausgangsstoffe

Bayer-Verfahren

Österreicher Karl Josef Bayer (1847 bis 1904) entwickelte 1888 das nach ihm benannte mehrstufige, heute gängige Verfahren, das die kostengünstige Herstellung von Aluminiumhydroxid erlaubt. Bauxit wird dabei mit Natronlauge vermischt, fein gemahlen und mit Dampf erhitzt, wobei die Aluminiumverbindung aus dem Mineral in Lösung geht.

Aus dieser Lauge fällt Aluminiumhydroxid aus. Durch Filtrieren wird der Feststoff von der Lauge getrennt. Erhitzen auf 1200 °C treibt das Wasser aus, und das Hydroxid wird in das Oxid überführt; man spricht vom Calcinieren. Es verbleibt das gewünschte Oxid (Al_2O_3) als sehr feines Pulver, Tonerde bzw. Korund genannt (durch Schmelzelektrolyse wird daraus reines Aluminium gewonnen). Allerdings sind

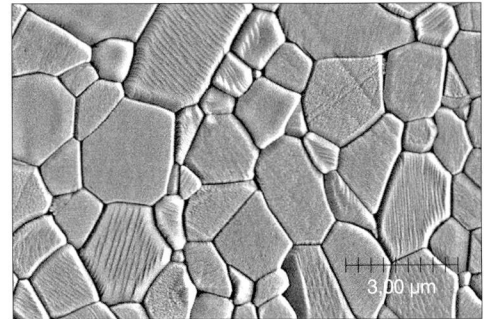

Abb. 5:
Elektronenmikroskopische Aufnahme des Gefüges einer Al_2O_3-Keramik

Fremdoxide

noch Reste von Fremdoxiden, etwa Silizium- (SiO_2), Eisen- (Fe_2O_3), Natrium- (Na_2O), Magnesium- (MgO) und Kalziumoxid (CaO), enthalten. Deren Anteil bestimmt den späteren Einsatz der Al_2O_3-Keramik; so dürfen Werkstoffe für Dichtscheiben bis zu 0,5 % Verunreinigungen enthalten, Biokeramiken hingegen nur wenige ppm. Abbildung 5 zeigt das typische Gefüge einer Al_2O_3-Keramik.

Daneben gibt es noch andere Methoden der Gewinnung von Aluminiumoxid wie die

Alaun-, Chlorid- und Alkoxidverfahren, bei denen sich die störenden Verunreinigungen im Bauxit über die Herstellung von definierten und gut kristallisierenden Aluminiumverbindungen leichter abtrennen lassen.

Zirkonoxid

Tiegel für die Feuerfestindustrie und Drahtziehkonen sind nur einige Produkte, für die Zirkonoxidkeramik Verwendung findet. Abbildung 6 zeigt das Gefüge einer nanoskaligen Y-TZP-Keramik, die für keramische Schneiden verwendet wird. Als **Rohstoffquellen** der Pulverherstellung dienen Mineralien, die hauptsächlich in Australien und Südafrika vorkommen: Baddeleyit, ein reines ZrO_2 (auch Zirkonerde

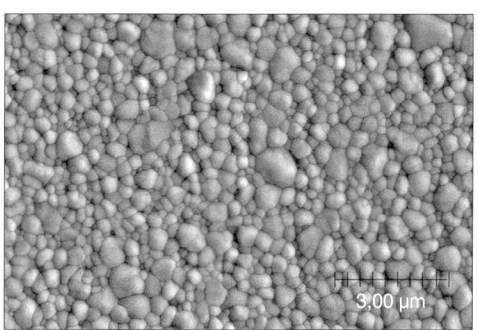

Abb. 6: Elektronenmikroskopische Aufnahme des Gefüges einer ZrO_2-Keramik

genannt) sowie Zirkon ($ZrSiO_4$), eine Verbindung aus dem gewünschten Oxid und Siliziumdioxid. Beide Minerale sind durch das chemisch sehr ähnliche Hafniumoxid sowie weitere Fremdstoffe, insbesondere radioaktive Oxide, verunreinigt. Das gilt vor allem für Baddeleyit, sodass daraus gewonnenes Zirkonoxid zwar preiswerter, aber beispielsweise nicht für die Medizintechnik geeignet ist. Aufwendige Reinigungsschritte sind erforderlich, um die radioaktiven Substanzen weitgehend zu

Wege zur Gewinnung

entfernen. Je reiner die Pulver sind, desto hochwertigere Bauteile lassen sich daraus fertigen.

Wie nun gewinnt man das gewünschte Pulver aus dem gereinigten Zirkon? Verschiedene Wege stehen zur Auswahl, die sich hinsichtlich ihrer Wirtschaftlichkeit unterscheiden: So zersetzt sich $ZrSiO_4$ bei etwa 1775 °C – meist mit einer Plasmaflamme realisiert – und beim Abkühlen scheidet sich zunächst das gewünschte Zirkonoxid ab, darauf Siliziumdioxid; Letzteres wird durch Ätznatron oder Flusssäure entfernt. Geringeren Energieaufwand, nämlich nur eine Temperatur von 600 °C, erfordert der Weg über die Gewinnung durch Natronlauge; zunächst entsteht Natriumzirkonat und nach weiteren, zum Teil thermischen Schritten das gewünschte ZrO_2. Besonders feines Pulver erhält man, wenn das $ZrSiO_4$ bei Temperaturen zwischen 800 und 1200 °C mit Kohlenstoff und Chlor reagiert. Als Reaktionsprodukt entsteht unter anderem Zirkontetrachlorid, das dann als Ausgangsverbindung für weitere Syntheseschritte dient.

Siliziumnitrid

Die direkte Art der Herstellung des Pulvers für Siliziumnitridkeramiken (Abb. 7) verläuft über die Reaktion von reinem Silizium mit Stickstoff oder Ammoniak bei 1000 bis 1400 °C.

Reduktion von Quarzsand im Lichtbogen

Das Silizium wird zuvor aus Quarzsand (SiO_2) gewonnen, meist durch Reduktion mit Kohlenstoff im Lichtbogen bei 2000 °C. Preiswerter lässt sich der Quarzsand aber auch mit Kohlenstoff und Stickstoff bzw. Ammoniak in die gewünschte Substanz umsetzen. In beiden Fällen wird das Reaktionsprodukt Si_3N_4 anschließend chemisch gereinigt – beim zweiten Reaktionsweg beispielsweise von nicht umgesetztem Kohlenstoff – und dann zum Pulver ge-

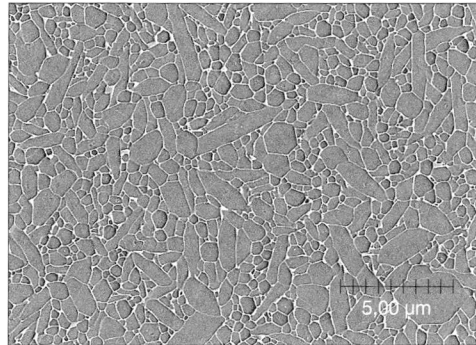

Abb. 7: Elektronenmikroskopische Aufnahme des Gefüges einer Si_3N_4-Keramik

mahlen. Sehr reines und sinteraktives Siliziumnitridpulver wird über die Zersetzung von Siliziumdiimid ($SiCl_4$) gewonnen.

Siliziumcarbid

An Härte und Temperaturbeständigkeit schon fast dem Diamant vergleichbar, ist Siliziumcarbid der Werkstoff für höchste Anforderungen. Das Pulver entsteht aus Koks und Quarzsand bei Temperaturen zwischen 1600 und 2500 °C, erfordert in der Herstellung also einen hohen Energieaufwand. Die Rohstoffe werden gemischt und um einen Graphitkern angehäuft. Dieser wird durch hohe elektrische Ströme auf die nötige Temperatur aufgeheizt. In bis zu 9 m langen und 3 m hohen Reaktoren wandert die Zone des reinen SiC innerhalb von bis zu 50 Stunden langsam nach außen, wobei Verunreinigungen in der Reaktionsfront gelöst mitwandern. Das so entstandene Reaktionsprodukt wird anschließend intensiv gemahlen und der Abrieb der meist stählernen Mahlkörper durch Säuren herausgewaschen.

Herstellung bei 1600 bis 2500 °C

Vom Rohstoff zum Granulat

Ausgangsstoffe in Pulverform

Die Rohstoffe werden mehrfach gemahlen, um ihre Größe einzustellen (Abb. 8); übliche Durchmesser liegen zwischen 0,1 und 10 µm. Es werden aber auch Pulver mit bis zu 50 µm verarbeitet oder für besondere Spitzenprodukte Pulver, die nur wenige Nanometer groß sind. Da das Material allerdings in dieser aufgemahlenen Form nicht gut rieselt – in dieser Hinsicht ist es etwa dem Mehl vergleichbar –, lässt es sich nicht homogen in Werkzeugformen zur Weiterverarbeitung einbringen. Es wird deshalb mit Bindemitteln und anderen organischen Additiven versetzt und zum Granulat geformt. Dazu bringt man das feine Pulver in eine wässrige Suspension, die mit einem heißen Luftstrom zerstäubt wird. Dabei bilden sich Tröpfchen – also sehr genau einstellbare kugelige Teilchen – die im selben Verarbeitungsschritt auch gleich getrocknet werden; ihre Durchmes-

Abb. 8: Die keramische Masse vor der Weiterverarbeitung zum Grünling-Bauteil

ser betragen 50 bis maximal 150 µm. Aufgrund ihrer Kugelform verhalten sich die Granulate beim Befüllen der Werkzeugformen deutlich besser als der reine Rohstoff. Sie rieseln ähnlich gut wie trockener, feiner Sand und können so auch automatisch dosiert werden.

Um höchste Qualität garantieren zu können, unterliegen die Rohstoffe in der Eingangskontrolle des weiterverarbeitenden Betriebs einer strengen Prüfung. Dabei werden die chemische Zusammensetzung wie auch die Kristallstruktur und die Größenverteilung mit physikalischen Messmethoden genau untersucht. Durch Röntgenstrahlen angeregt fluoreszieren die Atome mit einem für das jeweilige Element charakteristischen Spektrum, offenbaren also die genaue Zusammensetzung der Ware. Welche kristallinen Strukturen vorhanden sind – wichtig für die Gefüge der Endkeramik – zeigt die Röntgenbeugung. Anhand der Beugung von Laserlicht lässt sich die Größenverteilung der Pulverteilchen und mittels der Siebanalyse die der Granulate bestimmen.

Strenge Eingangskontrollen

Formgebungsverfahren

Pressen

Uniaxiales Pressen

Die größte Bedeutung unter den Formgebungsverfahren haben die Presstechniken erlangt. Insbesondere das Pressen mit einem Stempel, als uniaxiales Pressen bezeichnet (Abb. 9), eignet sich für die Großserienfertigung. Dazu füllt man das Granulat in eine Stahlmatrize, die dem herzustellenden Teil entsprechend geformt ist. Wichtig für dieses Verfahren ist die Größenverteilung des Ausgangsmaterials: Große Kugeln rieseln besser in die Form und füllen sie gleichmäßiger aus als kleine; dennoch sind feinere Pulverteilchen erforderlich, um die Zwischenräume auszufüllen.

Weil bei diesem Verfahren keine plastischen Massen oder flüssige Schlicker, sondern nur trockene Granulate mit einer sehr geringen Restfeuchte verwendet werden, spricht man auch vom Trockenpressen. Unter hohem Druck von meist 1500 bar, von einer oder zwei Seiten aufgebracht, wird das Material auf 50 bis 60 % des ursprünglichen Volumens verdichtet. Mehr

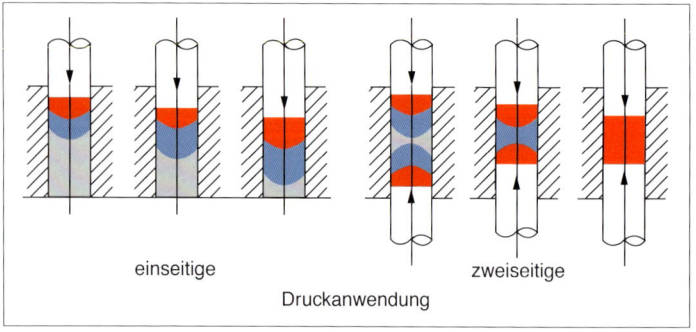

Abb. 9:
Zwei Varianten des uniaxialen Pressens
Links: einseitige Druckanwendung
Rechts: zweiseitige Druckanwendung
Rot/blau: Bereiche mit unterschiedlicher Verdichtung

Druck würde keinen anderen Effekt haben, denn im Unterschied zu Metallpartikeln sind keramische Partikel nicht plastisch verformbar. Die Kosten für die Formen sind zwar recht hoch, doch bei großen Serien lohnt sich dieses einfache Verfahren allemal.

Stellen die Produkte z.B. wegen ihrer Größe oder ihrer Geometrie höhere Anforderungen an die Werkstoffhomogenität, empfiehlt sich das isostatische Pressen. Die Form ist dort elastisch und besteht aus Gummi oder Latex. Von einer umgebenden Flüssigkeit wird Druck, wie der Name schon sagt, allseitig und gleichmäßig ausgeübt. Dieses Verfahren eignet sich vor allem zur Herstellung rotationssymmetrischer Teile mit komplexerer Geometrie. Als gutes Beispiel hierfür dient die Zündkerze mit ihrem Wellenprofil in Längsrichtung.

Isostatisches Pressen

Plastische Verfahren

Mischt man das Pulver mit Wasser, thermoplastischen Kunststoffen und/oder Gleitmittel, entsteht eine plastische Masse, die gleichfalls durch Druck zu formen ist. Hier kommen zwei Verfahren zum Einsatz, die in der Kunststoff verarbeitenden Industrie gang und gäbe sind: die Extrusion und das Spritzgießen.

Abb. 10:
Das Extrusionsverfahren eignet sich speziell zur Herstellung rotationssymmetrischer Bauteile.

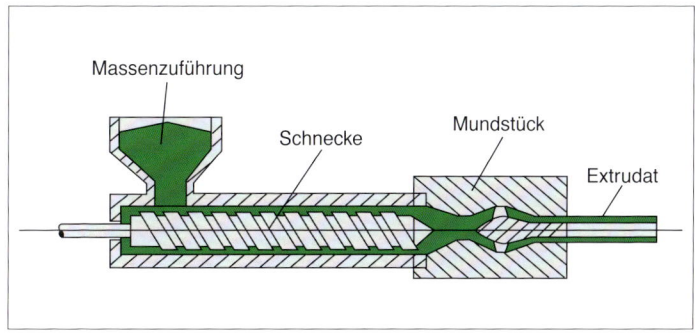

Extrusion …

Für rotationssymmetrische Bauteile mit geringem Querschnitt relativ zu ihrer Länge – also Rohre, Stäbe, Wabenkörper und dergleichen – eignet sich das Extrusionsverfahren (Abb. 10). Hier kommt die plastische Masse zunächst in eine sogenannte Schneckenpresse. Die Rotation der Schnecke befördert die Masse zu einem Mundstück und presst sie hindurch. Die Geometrie der Düse bestimmt dann die Form des Werkstücks.

… und Spritzgießen

Beim Spritzgießen, etwa von Fadenführern für die Textilindustrie, wird die Masse dagegen in eine Metallform gespritzt und erstarrt dort zu einem festen Werkstück. Dieses Verfahren bewährt sich vor allem bei komplexen Formen mit Hinterschneidungen.

Tradition und Innovation: der Guss

Schlickergießen

Das Schlickergießen ist ein klassisches Verfahren. Wie bei der Herstellung von Porzellan gießt man die Suspension in eine poröse, meist mehrteilige Gipsform. Der Kapillareffekt der Poren entzieht dem Schlicker das Wasser. An der Gipsoberfläche bildet sich eine feste Masse, der Scherben, der nach dem Trocknen entnommen werden kann. Problematisch sind die Gipsformen insofern, als sie sich von Gebrauch zu Gebrauch mehr zusetzen. Das Verfahren hat deshalb für die Technische Keramik nur geringe Bedeutung. Auch in der Porzellanindustrie verwendete Formen aus Kunststoff, die sich ausspülen lassen, werden nur selten, beispielsweise zur Herstellung von Musterstücken, eingesetzt.

Foliengussverfahren

Für die Herstellung von flächigen Bauteilen ist das Foliengussverfahren nach wie vor die Methode der Wahl. Bei diesem Verfahren wird eine homogene Mischung aus Keramik, organischen Hilfsstoffen und Flüssiganteilen, in der Fachsprache als Schlicker benannt, hochpräzise auf ein Trägermaterial aufgegossen, mittels

*Abb. 11:
Die lederartigen Folien werden nach dem Gießband auf Größe geschnitten und aufgewickelt.*

Rakel auf eine definierte Schichtstärke gebracht und anschließend getrocknet. Trägermaterialien können beispielsweise ein umlaufendes poliertes Endlosstahlband oder auch Polymerfolien sein. Die Polymerfolien werden auf einem Endlostransportband durch den Trocknungskanal der Foliengießmaschine befördert. Nach dem Trocknen des keramischen Schlickers, d.h. dem Entfernen der flüssigen Anteile, erhält man eine keramische Folie, deren Konsistenz sich als lederhart beschreiben lässt (Abb. 11). In diesem Zustand dominieren die Eigenschaften der organischen Hilfsstoffe, da die keramischen Pulverteilchen in diesen feinst verteilt vorliegen. Dieses ist für die weiteren Prozesse insofern ein wichtiger Aspekt, als die keramische Folie nun auf Rolle gewickelt und anschließend geschnitten oder gestanzt werden kann.

Lederharte keramische Folie

Die Dicken gegossener Folien wurden aufgrund des fortgesetzten Miniaturisierungsprozesses im Bereich von elektronischen Schaltungen zunehmend verringert. Sie liegen heute zwischen 100 und 1500 µm.

Vom Grünling zum Fertigteil

Grünbearbeitung

Verdichten des Rohlings

Nach der Anwendung plastischer Formgebungsverfahren wie dem Extrudieren oder Schlickergießen müssen gegebenenfalls hohe Wasseranteile aus dem Rohling, auch als Grünling bezeichnet, ausgetrieben werden. Da die Pulverteilchen einander näherrücken, wenn ihre Wasserhülle entweicht, beginnt das Volumen des Rohlings zu schwinden. Weil sich bei inhomogener Trocknung mechanische Spannungen aufbauen können, steuert man diese Phase häufig in Trockenkammern sehr genau aus. Bei Verfahren wie dem Trockenpressen oder dem Spritzgießen sind keine zusätzlichen Trocknungsschritte nötig.

Nach dem Trocknen entsteht der relativ weiche, kreideartige Grünling, der sich noch leicht mechanisch bearbeiten lässt. Man kann ihn beispielsweise sägen, fräsen oder drehen (Abb. 12).

Abb. 12: Hüftgelenkkugelköpfe erhalten ihre Kugelkontur durch Drehen des getrockneten Grünlings.

Folien werden vor dem Ausheizen gestanzt. Nach dem Ausbrennen von Bindemitteln sowie anderer Zusätze und dem Vorbrennen bietet sich eine zweite Chance, noch mit konventionellen Werkzeugen und ohne großen Verschleiß, sprich hohe Kosten, komplizierte Formen optimal herauszuarbeiten. Man spricht dann von der Weißbearbeitung. Generell gilt allerdings: Keramische Produkte sollten schon vor dem Brand so endkonturnah wie möglich gestaltet sein, sonst wird es teuer.

Am Ende werden schließlich verbliebene organische Additive ausgeglüht oder verkokt. Beispielsweise wandelt man so Kunststoffanteile im Siliziumcarbid in Kohlenstoff um, der im Gefüge verbleibt und später seinen Zweck erfüllt (siehe S. 26).

Verkoken organischer Additive

Sintern

Die abschließende und für die Eigenschaften des Bauteils entscheidende Wärmebehandlung bezeichnet man als Sintern, ebenso alle dabei ablaufenden physikalischen und chemischen Vorgänge. Aus dem Grünling entsteht dabei

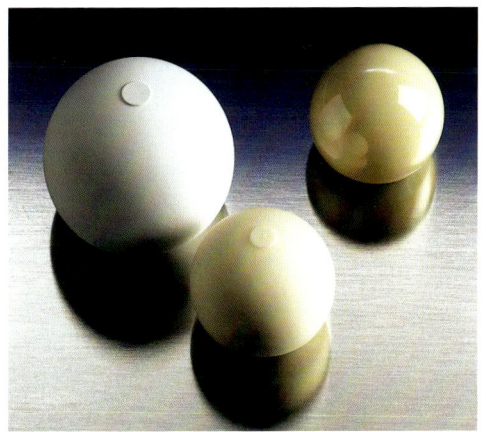

Abb. 13:
Die verschiedenen Fertigungsstadien eines Hüftgelenkkugelkopfs im Vergleich: Grünling (hinten links), gesinterter Kugelkopf (vorne), hartbearbeiteter Kugelkopf (hinten rechts)

Fest- und Flüssig-phasensintern

ein dichtes, hartes Material (Abb. 13). Die Sintertemperaturen liegen bei Technischen Keramiken im Allgemeinen bei 1200 bis 2200 °C. Besteht die Rohmasse nur aus einer Komponente, wird man sie auf etwa 70 bis 80 % der Schmelztemperatur erhitzen, das Material bleibt also fest. Man spricht in diesem Fall vom Festphasensintern. Ein anderes Sinterverfahren ist das Flüssigphasensintern. Durch Zugabe von Additiven entsteht bei einem niedrigeren Schmelzpunkt eine flüssige Phase, die dann eine glasartige Bindephase zwischen den Kristallkörnern bildet. Beispielsweise erfolgt das Festphasensintern von reinem Al_2O_3 bei knapp 1700 °C, das Flüssigphasensintern von Si_3N_4-Keramiken bei bis zu 1900 °C.

Durch die Temperaturführung, eventuell durch Anwendung von Druck (man spricht dann vom Heißpressen bzw. vom heißisostatischen Pressen) und die Wahl geeigneter Atmosphären lässt sich das entstehende Gefüge sehr gut beeinflussen. Auch chemische Zusätze sind üblich. So hemmt man typischerweise mit Magnesiumoxid (MgO) das Kornwachstum von Al_2O_3, denn kleinere Gefügestrukturen erhöhen die Bruchfestigkeit.

Volumenschwund bis zu 50 %

Bei der Auslegung der Werkzeuge zur Herstellung der Bauteile ist der Volumenschwund von bis zu 50 % zu beachten, der beim Verdichten der Werkstoffe auftritt. Es gibt jedoch auch bestimmte Werkstoffe, bei denen keine Schwindung auftritt. Ein Beispiel ist das Reaktionssintern von siliziuminfiltriertem Siliziumcarbid. Der Rohling besteht hier aus Siliziumcarbid und Kohlenstoff. Während der Wärmebehandlung dringt geschmolzenes oder gasförmiges Silizium in die Poren ein und verbindet sich mit dem Kohlenstoff zu neuem Carbid. Das Ergebnis: Während sich der Formkörper verdichtet, kompensiert der Materialzuwachs den Schwund.

Nachbearbeitung

Nach dem Brennen sind die Bauteile leider oft noch nicht optimal: Durch den Volumenschwund stimmen ihre Maße je nach Material und Herstellverfahren auf maximal 0,5 bis 1 % genau. Oberflächen und Randzonen weisen Rauheiten und mitunter auch Fehler auf. Funk-

*Abb. 14:
Bauteile im Läpp-Prozess*

tionsflächen müssen jedoch entweder extrem glatt oder profiliert sein, sodass die genannte Maßhaltigkeit für Präzisionsanwendungen nicht ausreicht. Ein Nachbearbeiten – Schleifen, Läppen (Abb. 14), Polieren, Bohren etc. – wird dann unumgänglich (Tab. 2). Aufgrund der Härte und Verschleißfestigkeit des Materials kommen dafür häufig nur Diamantwerkzeuge in Frage. Ein kostspieliges Unterfangen, aber notwendig, um die geforderte Hochleis-

Verfahren	Bearbeitungswerkstoff	Bearbeitungsziel
Schleifen	• loses bzw. gebundenes Korn, nass • Diamantschleifscheibe (Diamantkörner gebunden in Metall oder Kunststoff) • Einsatz von Kühlschmierstoffen	• Grob- bzw. Feinbearbeitung (z.B. von Profil- und Lagerflächen) • Fertigung von Funktionsflächen unter Einhaltung der geforderten Toleranzen
Trennschleifen	• loses bzw. gebundenes Korn, nass • Diamanttrennscheibe • Diamantschleifscheibe	Trennen von Rohlingen
Honen	• Diamanthonleiste • Einsatz von Kühlschmierstoffen	Verbesserung der Maßgenauigkeit und der Oberflächengüte (z.B. von Gleitflächen)
Läppen, Polieren	• loses Korn, nass • Diamantläppgemisch oder B_4C	Verbesserung der Maßgenauigkeit und der Oberflächengüte (z.B. Anschliffpräparation, Dichtflächen)
Ultraschallschwingläppen	• loses Korn, nass • Diamantläppgemisch oder B_4C	• Bohren • Gravieren
Wasserstrahlschneiden	loses Korn, nass	Trennen
Sandstrahlen	loses Korn, trocken	• Beseitigung von weichen Bestandteilen auf der Oberfläche • Aufrauen von Oberflächen
Funkenerodieren	elektrisch, mit einer Kupfer-Wolfram- oder Graphitelektrode	komplexe Formen, praktisch nur an SiC
Lasern	thermisch, mit einem CO_2-Laser	• Bohren • Trennen • Schneiden

Tab. 2:
Übersicht über Verfahren, die zur Endbearbeitung keramischer Produkte eingesetzt werden

tung zu erbringen. Gründliche Planung und Prozessführung helfen, den erforderlichen Aufwand gering zu halten.

Abschließende Qualitätsprüfung

Maßhaltigkeit und Oberflächengüte sind die entscheidenden Parameter, die in der abschließenden Qualitätsprüfung untersucht werden; bei Funktionskeramiken ist natürlich auch die Kontrolle der relevanten Kennwerte mit eingeschlossen.

Abschließende Qualitätsprüfung 29

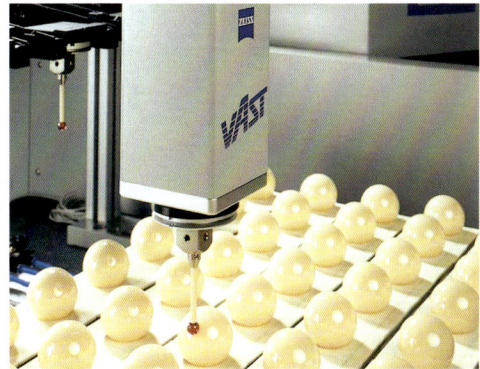

Abb. 15:
In der abschließenden Qualitätskontrolle wird nochmals die gesamte Kontur des Hüftgelenkkugelkopfs überprüft.

Stichprobenartige Qualitätskontrolle ...

Ob beispielsweise eine Schneidplatte den Anforderungen genügt, wird anhand von Stichproben im Testlabor geprüft. So müssen Schneidplatten aus Siliziumnitrid, ohne Schaden zu nehmen, eine beidseitig abgeflachte Welle drehen können, die mit 1500 Umdrehungen pro Minute umläuft. Bei diesem extrem unterbrochenen Schnitt schlägt eine Kante der Welle in Abständen von Sekundenbruchteilen immer wieder hart gegen die Schneide. Nur wenn das Werkzeug diese Belastung von 35 000 Schlägen ohne Schädigung übersteht, gilt die entsprechende Produktionscharge als qualitativ hochwertig und darf ausgeliefert werden.

... und 100-%-Test

Gelenkkugelköpfe unterliegen sogar einem 100-%-Test, d.h., jeder einzelne wird genau vermessen (Abb. 15) und unterschiedlichen Prüfungen unterzogen. Beispielsweise setzt man die konische Bohrung der Kugelköpfe einem definierten hydrostatischen Druck aus, dessen Höhe die zu erwartenden physiologischen Kräfte übersteigt. Hat die Kugel Fehler, zerbricht sie unter der Druckbelastung. Einwandfreie Gelenkkugeln, die den Test überstanden haben, erhalten die Freigabe. Eine Nummerierung durch Lasergravur ermöglicht die lückenlose Dokumentation.

Keramikgerechtes Konstruieren

Grundregeln

Suche nach dem optimalen Kompromiss

Aufgabe des Konstrukteurs ist es, ein technisches Problem zu lösen. Dazu wird er nicht allein nach der besten, sondern auch nach der wirtschaftlichsten Lösung suchen, also nach derjenigen, die eine der spezifizierten Anwendung gemäße Funktion bei geringsten Herstellungskosten erfüllt. Dazu muss er die vorteilhaften Eigenschaften der möglichen Werkstoffe kennen und möglichst gemeinsam mit den Keramikexperten eine Gestaltung wählen, die das Problem löst, und schließlich ein Formgebungsverfahren vorsehen, das sich im Umfeld der geplanten Produktionskette kostengünstig umsetzen lässt.

Regeln keramikgerechter Gestaltung

Eine besondere Herausforderung ist es, die Stärken und das Werkstoffpotenzial des Materials durch eine keramikgerechte Gestaltung optimal zu nutzen (Abb. 16). Weil sich Keramiken nicht plastisch, sondern spröde verhalten, müssen Spannungsspitzen unbedingt vermieden werden. Somit verbieten sich Bereiche kleiner Radien, scharfe Kanten, Stufen und Absätze sowie linien- oder gar punktförmige Krafteinleitungen. Vorteilhaft ist es auch, das Bauteil so auszulegen, dass es eher auf Druck als auf Zug beansprucht wird, da die Druckfestigkeit der Keramik wesentlich höher ist als die Zugfestigkeit. Beachtet man diese Grundsätze, bedeutet dies, dass ein metallenes Werkstück nicht ohne Weiteres durch eines aus Keramik zu ersetzen ist, sondern stets eine Neukonstruktion und gegebenenfalls eine Anpassung der unmittelbaren Einsatzumgebung erforderlich sind.

Abb. 16 (gegenüber): Falsche (linke Teilabbildungen) und keramikgerechte Konstruktionsweisen: Der Aufbau von keramischen Bauteilen muss an die speziellen Eigenschaften des Werkstoffs angepasst sein.

Grundregeln 31

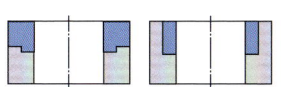
Absätze vermeiden

 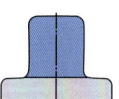
Große Auflageflächen vorsehen

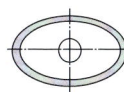 
Ovale Teile vermeiden

Ecken und scharfe Kanten vermeiden, Innenkanten und Durchbrüche runden

Modulbauweise bevorzugen

Lange, spitze Kanten vermeiden

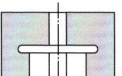 
Hinterschneidungen vermeiden, Modulbauweise bevorzugen

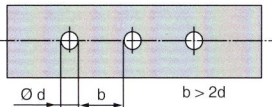
Lochabstände nicht zu klein bemessen

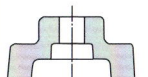 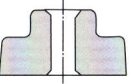
Komplizierte Wandgebungen und Formen vermeiden

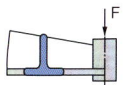 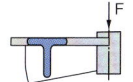
Profile so wählen, dass Zugspannungen minimiert werden

 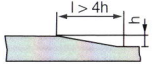
Plötzliche Querschnittsänderungen vermeiden

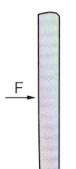 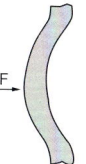
Umwandlung von Zug- in Druckspannungen

 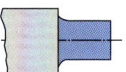
Kerbwirkung mindern

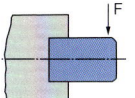 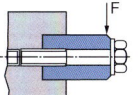
Druckvorspannung einbringen

32 Keramikgerechtes Konstruieren

Beim Sintern schrumpft ein Bauteil im Allgemeinen linear um bis zu 25 %. Dem wird von Seiten des Keramikherstellers Rechnung getragen, indem er die Formen zur Herstellung der Grünlinge größer auslegt. Dazu benötigt er natürlich eine Reihe von Kenntnissen und Erfahrungen: Wie homogen verteilt sich das jeweils verwendete Pulver bei dem für besonders geeignet befundenen Formgebungsverfahren, wie verhält es sich beim anschließenden Brand?

Ferner beachten die Keramikexperten auch Besonderheiten der Fertigung. Soll der Grünling extrudiert, also im Strang aus der Maschine gepresst werden, muss seine Geometrie so beschaffen sein, dass sich der Querschnitt nicht verändert, wenn der Strang sich durchbiegt.

Abstimmung auf den Fertigungsprozess …

Die Anfertigung dünner Wandteile und Stege ist oft problematisch, Hinterschneidungen sind nur mit Spritzguss und isostatischem Pressen zu realisieren. Werden Formen verwendet, muss sich das Produkt daraus gut lösen lassen. Ist die Oberfläche noch nachzubearbeiten, sollte eine gute Auflage- und Einspannmöglichkeit von vornherein bedacht sein. Der Prozess der Formgebung beeinflusst überdies im Zusammenspiel mit dem keramischen Ausgangspulver, den Additiven und dem Sinterprozess das Gefüge und die Eigenschaften des fertigen Bauteils.

Darüber hinaus muss das hinsichtlich Material und Gestalt als optimal zu betrachtende Verfahren nicht auch das wirtschaftlichste sein.

… und das Bestellvolumen des Kunden

Manche lohnen erst bei großen Stückzahlen, doch falls der Bedarf eines Kunden nur kleine Stückzahlen aufweist, kann eine Kleinserie auf einer schon vorhandenen Fertigungslinie kostengünstiger sein.

All die Faktoren, die letztlich das Gefüge und die Abmessungen eines keramischen Bauteils bestimmen, bedingen in ihrem komplexen Zusammenspiel, dass dessen Geometrie und Festigkeit um einen Mittelwert streuen. Sollen die Abmessungen beispielsweise auf weniger als ein Prozent genau eingehalten werden, lässt sich das nur über eine entsprechende Nachbearbeitung erreichen. Damit schließt sich der Kreis, denn solche Forderungen gilt es schon bei der Konstruktion zu bedenken. Bei sachgerechter Gestaltung, Formgebung und Nachbearbeitung lassen sich die Vorzüge des Werkstoffs voll ausspielen. Konstrukteur und Anwender sollten deshalb eng zusammenarbeiten und zudem immer das Gesamtsystem im Blick haben, in das sich das Bauteil einfügen soll.

Ganzheitliches Vorgehen

Verbindungstechniken für Module

Je komplexer die Geometrie der Konstruktion, desto schwerer lässt sie sich mit einem Formgebungsverfahren wirtschaftlich umsetzen. Oftmals ist es sinnvoller, einen Aufbau aus einfacheren Modulen anzustreben. Ein anderer Grund für die modulare Bauweise kann der Wunsch eines Kunden sein, besonders verschleißbelastete Komponenten gelegentlich auswechseln zu können. Um Module zu verbinden, haben sich verschiedene Methoden in der Praxis bereits bewährt. So werden Einzelteile im Grünzustand kombiniert und dann gemeinsam gebrannt oder aber bereits gebrannte Module miteinander verklebt.

Vorzüge des modularen Aufbaus

Besonders anspruchsvoll ist die Verbindung von keramischen mit nichtkeramischen Komponenten. Die Verhaltensweisen der unterschiedlichen Materialien unter den zu erwartenden Einsatzbedingungen sind genau zu berechnen, um beispielsweise Schäden durch eventuell stark unterschiedliche thermische Ausdehnungskoeffizienten zu vermeiden.

Sogenannte formschlüssige Fügeverfahren erfordern ein nahtloses Ineinanderpassen der zu verbindenden Teile. Ein Beispiel ist die Steck-

Formschlüssige, …

verbindung. Belastungen dürfen hier niemals in der Achse der Verbindung, sondern immer nur quer dazu angreifen. Ein Vorteil dieser Methode: Das gesteckte Teil lässt sich leicht wieder entnehmen und auswechseln.

… kraftschlüssige … Dieser Technik verwandt ist das kraftschlüssige Fügen, bei dem eine der beiden Komponenten durch die andere in ihrer Position festgepresst oder -geklemmt wird. Ein Beispiel ist das Einschrumpfen bei Umformwerkzeugen: Eine Matrize aus Siliziumnitrid soll in einen Stahlring eingeschrumpft werden. Dazu wird entweder das Metall aufgeheizt, sodass es sich ausdehnt, oder die Keramik abgekühlt, sodass sie sich zusammenzieht. Anschließend kann man beide Teile ineinander fügen, beim Temperaturausgleich entsteht eine Druckspannung, die den Verbund zusammenhält, aber nicht zu groß werden darf.

… und stoffschlüssige Fügeverfahren Bei den stoffschlüssigen Fügeverfahren reicht die Verbindung der verschiedenen Materialien bis auf die atomare Ebene. Beispielsweise lassen sich keramische Werkstoffe in Aluminium eingießen; dabei bildet sich im Grenzbereich eine Übergangszone, die aus beiden Stoffen besteht. Zur gleichen Methodengruppe gehört auch das Löten. Um Lot verwenden zu können, wird die Keramik zunächst metallisiert. Das heißt, eine dünne Metallschicht wird zum Beispiel mittels eines Galvanisierungsprozesses aufgebracht. Damit beim Abkühlen möglichst keine Eigenspannungen entstehen, wurden entsprechende, thermisch abgestimmte Metallisierungssysteme entwickelt. Gängige Metallisierungen bestehen z. B. aus Wolfram oder Molybdän. Die auf dem keramischen Werkstoff aufgebrachten metallischen Schichten eignen sich für die Weiterverarbeitung des Bauteils sowohl durch Hartlöten als auch durch Weichlöten. Für die nötige Benetzbarkeit des Lots auf der Metallisierung wird auf die Wolframschicht

Abgestimmte Metallisierungssysteme

eine dünne Nickelschicht aufgebracht, auf die wiederum eine Goldschicht als Korrosionsschutz folgt. Für die Verwendung von Weichlot kann auch eine zusätzliche Zinnschicht aufgetragen werden. Mithilfe dieser beiden Verfahren kann eine Verbindung zwischen Metall und Keramik realisiert werden und es entstehen einbaufähige Komponenten wie beispielsweise keramische Sicherungsröhrchen mit metallischen Kappen.

Wie das Lot vermitteln auch bei Raumtemperatur aushärtende Klebstoffe eine schlüssige Verbindung. Der Vorteil dieses Verfahrens besteht darin, dass keine großen temperaturbedingten Eigenspannungen entstehen. Allerdings ist auch zu bedenken, welchen Temperaturen der Verbund in der Praxis ausgesetzt ist. Insbesondere Verklebungen von Keramik-Metall-Paarungen können aufgrund der unterschiedlichen thermischen Ausdehnung mechanische Spannungen entwickeln und zu Schäden führen.

Einsatz der Klebtechnik

Gerade unter dem Aspekt der modularen Bauweise – um beispielsweise teure Maschinen dank des einfachen Austauschs verbrauchter und defekter Teile länger betreiben zu können – gewinnen solche Verbindungstechniken an Bedeutung. Welche die geeignete ist, bestimmt die jeweilige Anwendung. Neue Werkstoffe und neue Anwendungen lassen auch hier Raum für neue Ideen und Konzepte.

Keramik in der Anwendung

Textilindustrie

Keramische Fadenführer

Vor etwa 40 Jahren begannen Hersteller und Weiterverarbeiter von Garnen, Fadenführer aus oberflächenveredeltem Stahl durch langsamer verschleißende Elemente aus Hochleistungskeramiken in ihren Maschinen zu ersetzen. Denn wie eine Säge wirkt der mit hoher Geschwindigkeit durchlaufende Faden; Öle und Fette mussten deshalb früher zur Schmierung zugesetzt werden, eine anschließende Reinigung des Garns war unumgänglich. Heute erreicht man durch den Einsatz von Keramiken zwei- bis zehnfach längere Standzeiten.

Allerdings kommen nicht nur Garne aus Naturfasern in der Bekleidungsindustrie zum Einsatz, sondern auch endlos aus Extrudern ausgestoßene Chemiefasern. Damit diese sich anfühlen wie natürliche, raut man ihre Oberfläche mit sogenannten Friktionsscheiben auf (Abb. 17). Zwei Werkstoffe stehen hier in Konkurrenz: Polyurethan (PU) als zäher Kunststoff und Technische Keramik. Auch hier zeigen sich wieder die Vorteile der Keramik. Die Oberfläche der Friktionsscheiben lässt sich sehr genau über Gefüge und Nachbearbeitung einstellen, um die Textur der Kunstfaser vorzugeben.

Texturierung von Kunstfasern

Dank der Verschleißfestigkeit von beispielsweise Aluminiumoxid lassen sich Garngeschwindigkeiten von 1200 bis 1400 m/min bei Standzeiten von mehreren Jahren erreichen, PU hält bei solchen Belastungen nur einige Monate. Ein weiterer Vorteil ergibt sich aus den ionisch-kovalenten Bindungen im Werkstoff, denn die großen Sauerstoffionen halten die vorbeilaufende Kunststofffaser durch elek-

Textilindustrie 37

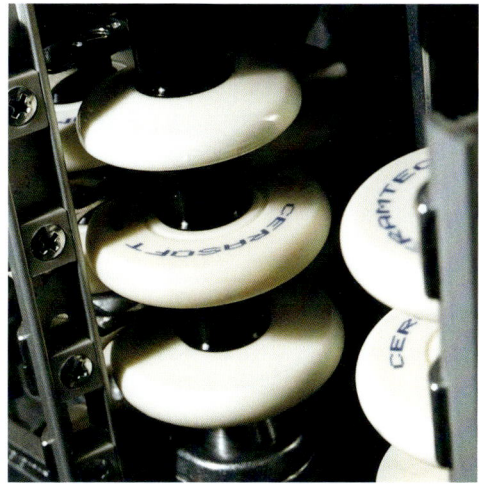

Abb. 17:
Keramische
Friktionsscheiben
bilden die Schlüsselkomponenten bei
der Friktionstexturierung.

trostatische Anziehung in Bearbeitung und Führung, ohne sie dabei aber zu bremsen.

Zu diesen Anwendungsfeldern reihen sich weitere, etwa die Luftverwirbelung: Um Stapel von Kunststofffasern gleichmäßig auszurichten und zusammenzubinden, verwirbelt man sie in keramischen Führungsbauteilen mit einem Luftstoß von der Seite her. Seit einigen Jahren haben sich auch Spleißerscheren aus Zirkonoxid in Spulmaschinen bewährt. Sie schneiden zu dünne oder zu dicke Bereiche heraus, die optisch ermittelt wurden. Ein Luftstrom trägt die Enden durch Verwirbelung zusammen. Damit diese Verbindungen halten, müssen die Schnitte sehr glatt geführt sein. Im Praxistest halten die keramischen Spleißerscheren etwa viermal so lange wie solche aus Hartmetall.

Im Markt eingeführt sind auch keramische Schneiden aus Zirkonoxid für Webmaschinen. Während die Scheren in Spulmaschinen nur wenige Schnitte pro Minute bewältigen müssen, treten sie in Webmaschinen bis zu zehnmal pro Sekunde in Aktion.

Spleißerscheren aus Zirkonoxid

Metallbearbeitung

Umformen von Nichteisenmetall-Drähten
Es dürfte wohl kaum jemand ermessen können, wie viele Kilometer an elektrischen Leitungen allein die Bundesrepublik Deutschland durchziehen. Das Spektrum reicht von Hochspannungsleitungen über Telefonkabel bis zu feinsten Drähten in elektrischen Geräten, die elektronische Schaltungen bis hin zum Chip mit Strom versorgen. Diese Leitungen bestehen fast ausschließlich aus Kupfer und seinen Legierungen, dem Buntmetall, das einen sehr geringen elektrischen Widerstand mit niedrigen Kosten in der Herstellung verbindet.

Die mehr oder weniger feinen Drahtvarianten entstehen dabei alle aus Rohdraht. In der Gießerei wird in einem kontinuierlichen Verfahren ein Barren aus dem flüssigen Metall gegossen und zum Rohling gewalzt, dem Gießwalzdraht mit einem Durchmesser von 8 mm. Immerhin 800 °C herrschen bei diesem Vorgang. Hochleistungskeramiken meistern solch raue Bedingungen mit wirtschaftlichen Standzeiten. Deshalb bestehen die *Leitrollen ...*, über die der Rohdraht hinwegläuft, aus Zirkonoxid oder Siliziumnitrid, also Werkstoffen mit sehr großer Warmfestigkeit. Diese Eigenschaft ist neben der Verschleißfestigkeit ein weiterer Vorteil der Keramik gegenüber dem Werkstoff Metall: Bei diesen Temperaturen könnte das zu führende Halbzeug leicht mit metallenen Leitrollen verschweißen, Beläge auf den Rollen hätten dann Betriebsstörungen zur Folge.

Damit aus dem Gießwalzdraht ein oft nur Bruchteile eines Millimeters dicker Kupferdraht entsteht, ziehen Drahtzugmaschinen das weiche Material, bis die gewünschte Enddicke erreicht ist. Der Trick dabei ist, den Draht wie das Seil eines Flaschenzugs um zahlreiche

Metallbearbeitung 39

*Abb. 18:
Blick in eine Mehrdrahtzugmaschine:
Die hier eingesetzten Ziehwalzen bestehen aus Zirkonoxidkeramik.*

Winden zu führen und so Kräfte für das Umformen auf den Draht zu übertragen (Abb. 18). Hier kann Technische Keramik ihre Stärken voll ausspielen. Düsen zur zentrierten Einführung des Rohdrahts in die Maschine, Führungen und Leitrollen halten länger dem Verschleiß stand, wenn sie aus Zirkonoxid oder Siliziumnitrid gefertigt sind. Auch das kostengünstigere Aluminiumoxid eignet sich.

… und Düsen aus ZrO_2 und Si_3N_4

Eine intelligente Lösung, die dem Fachmann kaum noch als solche bewusst wird, ist die konusförmige Ziehwinde, der sogenannte Ziehkonus. Ringe unterschiedlichen Durchmessers gleichen die nach jedem Ziehvorgang entstehenden Längenänderungen des Drahts aus. So werden auf einer Ziehwelle verschiedene Umformgeschwindigkeiten ohne den Einsatz teurer und Raum beanspruchender Getriebe erreicht. Auf diese Weise lassen sich kleine und kompakte Maschinen mit vielen Umformstufen bauen.

Den hohen mechanischen Anforderungen entsprechend fertigt man solche Ziehkonen aus Verbundkeramik. Der Funktionsträger besteht aus Technischer Keramik, die auf einen Metall-

Ziehkonen aus Verbundkeramik

träger geklemmt ist. Keramik wird also nur dort eingesetzt, wo sie im Kontakt mit dem Draht gebraucht wird. Hat das Kupferprodukt schließlich seine Endmaße erreicht, muss es möglicherweise noch in die Lackiererei. Um mehrere Drähte gleichzeitig durch das Lackbad schicken zu können, verwendet man keramische Platten mit parallelen Führungen als Abstandshalter.

Schließlich wird das kupferne Produkt zum Los verpackt. Dazu bieten sich, je nach vorhandenem Maschinenpark, drei Wege an:

- das Aufrollen auf einen festen Kern, mit dem der Draht auch verkauft wird
- das Aufrollen auf einen teilbaren Kern, der sich hinterher entfernen lässt
- das kernlose Bündeln

Beim kernlosen Bündeln verwendet man einen keramischen Bogen, über den der Draht hinwegläuft und von dem er dann mit einer definierten Biegung versehen herabfällt.

Die geschilderten Vorgänge erfordern den Einsatz von Kühl- und Schmiermitteln, um Verschleiß und ein Heißlaufen durch Reibung zu mindern. Erfahrene Zieher wissen um die tribochemischen Reaktionen, die bei dem hohen Druck und den hohen Temperaturen auftreten. Dabei bilden sich mit Drahtabrieb angereicherte, klebrige Kupferseifen, die den Draht und die Komponenten der Maschine verschmutzen, Verschleiß und Drahtbruch fördern. Der Einsatz von Keramik ermöglicht es, Menge und Konzentration an Kühl- und Schmiermitteln zu verringern und überdies Sorten zu verwenden, die sich umweltverträglicher entsorgen lassen.

Weniger Bedarf an Kühl- und Schmiermitteln

Zerspanen mit Schneidkeramik

Drehen, Fräsen und Aufbohren zählen zu den typischen Bearbeitungsverfahren in der Metallindustrie und werden auch unter dem Begriff »Zerspanen« zusammengefasst. Durch spanende Bearbeitung entstehen aus unbearbeiteten Rohlingen einbaufertige Werkstücke, die zum Beispiel in der Automobilindustrie als Bremsscheiben, Kupplungsdruckplatten, Differenzialgehäuse, Schwungscheiben oder Zylinderkurbelgehäuse oder im allgemeinen Maschinenbau zum Beispiel als Lager oder Antriebselemente Anwendung finden.

Die in den zuvor genannten Bearbeitungsverfahren eingesetzten Werkzeuge werden mit keramischen Schneidplatten bestückt, da diese höchste Bearbeitungsgeschwindigkeiten bei größtmöglicher Produktivität und Wirtschaftlichkeit gewährleisten (Abb. 19). Im Bereich der Zerspanung eingesetzte keramische Schneidstoffe blicken inzwischen auf eine lange Historie zurück. Bereits 1957 wurde eine erste Aluminiumoxidkeramik für die Hochleistungsbearbeitung von Gusseisenwerkstoffen vorgestellt. In den folgenden Jahren und Jahrzehnten konnten sich neben der Oxidkeramik weitere Keramiken als Schneidstoff etablieren.

Hohe Schnittgeschwindigkeiten

Abb. 19:
Schneidwerkzeug mit keramischer Wendeschneidplatte

Hierzu zählen die Mischkeramik, das Siliziumnitrid sowie SiAlON-Schneidstoffe, eine eigene keramische Werkstoffgruppe, die eine Weiterentwicklung der Siliziumnitrid-Keramik darstellt. Seit einiger Zeit kommen auch beschichtete Keramiken (Si-basierte Schneidstoffe) zum Einsatz. Sie runden das Einsatzspektrum keramischer Schneidstoffe ab und erschließen zudem weitere Anwendungsfelder. Jede dieser Schneidkeramiken zeichnet sich durch ein spezielles Eigenschaftsprofil aus. Ihre Anwendung finden sie bei der Hochgeschwindigkeits- und Hochleistungszerspanung von Gusseisenwerkstoffen wie zum Beispiel GJL (Gusseisen mit lamellarem Graphit) und GJS (Gusseisen mit globularem Graphit). Daneben werden Mischkeramiken beim Drehen von gehärtetem Stahl und Hartguss eingesetzt. Zusammenfassend lässt sich Folgendes zu den Schneidkeramiken sagen:

Keramische Schneidstoffe

- Oxidkeramik auf der Basis von Aluminiumoxid mit eingelagerten Zirkonoxidpartikeln zur Zähigkeitssteigerung wird bevorzugt zum Drehen und Stechdrehen unter gleichförmigen Bedingungen verwendet.
- Mischkeramik weist durch zusätzliche Anteile weiterer Hartstoffe wie TiCN eine gesteigerte Härte und Warmhärte auf und wird zur Fertigbearbeitung beim Drehen bevorzugt.
- Si-basierte Werkstoffe, Siliziumnitrid und α-/β-SiAlON, zeichnen sich durch einen Gefügeaufbau mit nadeligen Si_3N_4- oder SiAlON-Körnern aus. Damit erreichen sie ein ausgezeichnetes Zähigkeitsverhalten bei guter Verschleißfestigkeit. Diese Schneidstoffe haben sich inzwischen zur Hochleistungsbearbeitung beim Drehen und Fräsen von Gusseisenwerkstoffen, auch unter sehr ungünstigen und ruppigen Einsatzbedingungen, etabliert.

Metallbearbeitung 43

- Polykristallines, kubisches Bornitrid zeichnet sich durch extreme Härte und höchste Verschleißbeständigkeit aus. In der Anwendung überzeugen diese Schneidstoffe durch die Erfüllung höchster Anforderungen hinsichtlich Maßhaltigkeit und Oberflächengüte beim Hartdrehen.
- Beschichtungen mit Aluminiumoxid und/oder Titancarbonnitrid, die in der Regel aus mehreren Lagen bestehen, steigern den Verschleißwiderstand und verringern die Reibung beim Zerspanen. Die hervorragenden Anwendungseigenschaften keramischer Schneidstoffe können dadurch noch einmal verbessert werden.

Ein typisches Bearbeitungsbeispiel, in dem Schneidkeramiken zum Einsatz kommen, ist die Bremsscheibe (Abb. 20). Sie wird auf einer CNC-Drehmaschine in mehreren Aufspannungen bearbeitet, um aus dem Gussrohling durch die verschiedenen spanenden Bearbeitungsvorgänge ein einbaufertiges Werkstück zu fertigen. Die Bearbeitungsgeschwindigkeit ist dabei ein Maß für die gefertigten Teile pro Zeiteinheit und die sich daraus ergebenden Stückkosten.

Abb. 20:
Drehen einer
Bremsscheibe mit
keramischer Wende-
schneidplatte

Deutliche Zeitersparnis

Die in diesem Beispiel eingesetzte Si-basierte Schneidkeramik, hier ein α-/β-SiAlON, erlaubt eine derart hohe Bearbeitungsgeschwindigkeit, dass für jede der üblicherweise drei Aufspannungen weniger als 30 Sekunden benötigt werden. Dabei wird mit Schnittgeschwindigkeiten von 1000 m/min und mehr gearbeitet. Diese Geschwindigkeiten lassen sich mit konventionellen Schneidstoffen wie Hartmetallen wegen deren geringerer Warmfestigkeit nicht erreichen. Hinzu kommt, dass beim Einsatz von Schneidkeramik auf die Verwendung von Kühlschmiermitteln verzichtet werden kann. Dadurch lassen sich Beschaffungs- und Entsorgungskosten einsparen und die Gesamtkosten somit positiv beeinflussen.

Im Bereich der Antriebstechnik gefertigte Bauteile wie gehärtete Zahnräder und Wellen (Härtebereich 58 bis 62 HRC) werden in einem letzten Arbeitsgang häufig einer aufwendigen Schleifbearbeitung unterzogen, um die geforderten Oberflächengüten und Bauteiltoleranzen zu erreichen. Setzt man für diesen letzten Bearbeitungsschritt Mischkeramik ein, lässt sich konventionelles Schleifen durch das kostengünstigere und flexiblere Verfahren »Hartfeindrehen« ersetzen. Diese Verfahrenssubstitution ermöglicht vor allem das feinkörnige, außerordentlich feste, harte und warmharte Mischkeramikgefüge.

Mischkeramik ermöglicht Hartfeindrehen

Schweißen mit Keramik

Das Schweißen zählt zu den Standardverfahren, um Metallteile zu fügen. Die Werkstoffe, die bei diesem Fügeverfahren auf Geräteseite eingesetzt werden, sind extremen Belastungen ausgesetzt. Bei der Auswahl des richtigen Werkstoffs müssen daher unterschiedliche Kriterien berücksichtigt werden, um die hohen Ansprüche hinsichtlich Verschleißbeständigkeit, Standzeit und Wirtschaftlichkeit zu erfüllen. Hier hat

Abb. 21:
Keramische Bauteile
für den Schweiß-
prozess: Gasdüsen,
Zentrierstifte und
Schweißrollen

sich der Werkstoff Keramik aufgrund seiner extremen Härte, seiner guten Thermoschockbeständigkeit, seines guten elektrischen Isolationsvermögens, seiner hohen Temperaturbeständigkeit sowie seiner hohen Druckfestigkeit und Zähigkeit vielfach bewährt.

Eingesetzt werden drei unterschiedliche Keramiken: Aluminiumoxid wird insbesondere für Plasma-Gasdüsen verwendet. Yttriumstabilisiertes Zirkonoxid hingegen ist der klassische Werkstoff für Schweißzentrierstifte. Der dritte, zuletzt am Markt eingeführte Werkstoff ist Siliziumnitrid. Siliziumnitrid ist in der Lage, den Verschleiß von im Schweißprozess extrem beanspruchten Werkzeugen wie Schweißrollen (Längsnahtschweißen von Rohren), Zentrierstiften (Buckelmutterschweißen) oder Gasdüsen (MIG/MAG-Schweißen) deutlich zu verringern (Abb. 21). Damit sind folgende Vorteile für den Schweißprozess verbunden:

Drei Keramiken

- Vielfach höhere Werkzeugstandzeiten
- Verkürzung der Gesamtrüstzeiten
- Verlängerung der Maschinenlaufzeiten
- Vermeidung von Kaltverschweißungen
- Qualitätsverbesserung der Schweißnähte

Hochleistungskeramik im Gießprozess

Aggressive Schmelzen, Temperaturen von mehr als 1000 °C und Temperaturunterschiede von mehreren hundert Grad – unter solch harten Bedingungen sichere Prozessführung, maximale Verfügbarkeit der Anlagen und hohe Reinheit der Schmelzen zu gewährleisten überfordert die meisten Werkstoffe, nicht aber das Aluminiumtitanat, eine Mischkeramik aus hochreinem Aluminiumoxid und Titanoxid. Ein spezieller Reaktionssinterprozess gewährleistet ein Gefüge mit mikrofeinen Poren und Rissen, das sich durch ein einzigartiges Eigenschaftsprofil auszeichnet:

Eigenschaften von Aluminiumtitanat

- Niedrige Wärmeleitfähigkeit
- Geringe thermische Ausdehnung
- Hohe Korrosionsbeständigkeit
- Exzellentes Verhalten bei Thermoschock
- Hervorragende Temperaturbeständigkeit
- Keine bzw. geringe Benetzung durch die meisten Metallschmelzen

Ausgestattet mit diesen Eigenschaften ist der Werkstoff für den Umgang mit Nichteisenmetall-Schmelzen wie solchen von Aluminium, Magnesium, Zink, Zinn, Messing oder Gold sehr gut geeignet. Vor allem beim Niederdruckguss von Aluminium hat sich Aluminiumtitanat als Material für Steigrohre und Düsen bestens bewährt (Abb. 22).

Thermoschockbeständigkeit

Da sie thermoschockbeständig sind, muss man Bauteile aus Aluminiumtitanat nicht vorheizen, sondern kann sie direkt mit der Schmelze in Kontakt bringen – ein großer Vorteil in der Praxis. Die geringe Wärmeleitfähigkeit des Materials verringert das Temperaturgefälle in der Schmelze und verzögert somit deren Erstarrung; außerdem bleiben die Wärmeverluste gering, sodass gleichzeitig Energie eingespart wird. Die chemische Beständigkeit verlängert nicht nur die Standzeiten der keramischen

Abb. 22: Steigrohre und Düsen aus Aluminiumtitanat vertragen selbst Aluminiumschmelzen.

Komponenten, sondern verhindert auch die Verunreinigung der Schmelze. Da der Werkstoff von den meisten Metallen nicht benetzt werden kann, backen sie auch nicht an, und eine Reinigung der Bauteile ist seltener erforderlich. Schließlich wiegen Bauteile aus Aluminiumtitanat bei gleichen Abmessungen nur halb so viel wie Bauteile aus Grauguss, was das Handling vereinfacht.

Verschleißschutz im Anlagenbau

Verschleiß und Korrosion von Anlagenbauteilen sind wesentliche Faktoren, die die Wirtschaftlichkeit der Produktion beeinflussen. Ist der einwandfreie Betrieb einer Anlage nicht mehr gewährleistet, kommt es zu Stillstandzeiten und Reparaturkosten. Besonders betroffen sind Anlagen, in denen stark abrasive und aggressive Stoffe gefördert oder verarbeitet werden. Auskleidungen aus Technischer Keramik minimieren den Verschleiß und die Korrosion an stark beanspruchten Stellen. Einsatzgebiete verschleißbeständiger Keramik sind Maschinen und Anlagen beispielsweise in Stahlwerken, in der Chemie-, Nahrungs- und Pharmaindustrie, in Kraftwerken, in der Zement- und Betonindustrie sowie bei der Aufbereitung von mineralischen Rohstoffen. Lösungen mit Hochleistungskeramiken sichern längere Standzeiten, sind wartungsärmer und damit insgesamt wirtschaftlicher.

Einsatz von Aluminiumoxid

Für den Verschleißschutz im Anlagenbau wird vorwiegend Aluminiumoxid eingesetzt, das sich durch hohe Härte und Verschleißbeständigkeit, einen gleichmäßig niedrigen Abtrag, hohe Temperaturbeständigkeit bis über 1000 °C, Korrosionsbeständigkeit, Bioinertheit und durch ein niedriges spezifisches Gewicht auszeichnet. Entscheidend dafür, dass diese Vorteile zum Tragen kommen, sind jedoch die optimale Integration der Keramik in vorhandene Systeme und der passgenaue und dauerhafte Verbund mit anderen Materialien wie Stahl, Gummi oder Kunststoffen.

Anwendungsbeispiele

Aufgrund der vielfältigen Einsatzmöglichkeiten seien hier beispielhaft nur einige Anwendungen aufgeführt. So kommen Auskleidungen aus Keramik in Transportrinnen und Rutschen, Schwingförderrinnen, Trommelmühlen, Mischern, Kugelhahnen (Abb. 23) und in Kompaktkrümmern zum Einsatz. Beim Transport von Hüttenkoks erreichen Keramikauskleidungen im Vergleich zu Stahlauskleidungen bis zu 12fach höhere Standzeiten.

In der Aufbereitungstechnik ermöglichen keramische Mühlen- und Sichterauskleidungen zu-

Abb. 23:
Kugelhahn mit einer Stahlventilkugel; der Durchgang der Stahlventilkugel ist mit Keramik ausgekleidet, um Verschleiß zu minimieren.

sätzlich zu den längeren Standzeiten einen kontaminationsfreien Betrieb. Aufgrund ihrer Bioinertheit können sie auch in der Pharma- und Nahrungsmittelindustrie eingesetzt werden. Ebenso gut geeignet sind Keramiken für Prozesse, bei denen es zu hoher Prallenergie kommt, z. B. bei Übergabe- und Einfülltrichtern oder Skipcars zur Beschickung von Hochöfen. Bei pneumatischen Rohrleitungssystemen, speziell in Bereichen starker Verwirbelungen, in Bögen, Rohrteilern, Einblasstutzen und Kugelhahnen, verzeichnet Aluminiumoxid bis zu 10fach höhere Standzeiten im Vergleich zu Stahl.

Eine innovative Anwendung im Bereich des Verschleißschutzes findet Hochleistungskeramik in Skisprung-Großschanzenanlagen. In der Anlaufspur der Sprungschanzen werden keramische Noppen angebracht, auf denen der Skispringer zum Absprungtisch gleitet (Abb. 24). Diese keramischen Noppen kommen beim Sommerspringen und beim Training in schneefreier Zeit zum Tragen. Die Gleiteigenschaften der keramischen Noppen sind denen von Eis angepasst, sodass Skispringer ideale Bedingungen vorfinden. Neben der ausgezeichneten

Innovative Anwendung Keramiknoppen

50 Keramik in der Anwendung

Abb. 24:
Links: Skispringen in eisfreier Zeit
Rechts: Die eingegossenen Keramiknoppen erreichen die Gleiteigenschaften von Eis.

Gleitfähigkeit sind die Noppen extrem verschleißbeständig und das System geräuscharm. Im Winter wird einfach auf die Keramiknoppen in der Anlaufspur eine stabile Eisschicht aufgebracht, sodass bei der Umstellung von Sommer- auf Winterbetrieb kein Wechsel der Anlaufspuren erfolgen muss. Damit werden Umrüstkosten reduziert und gleichzeitig die Wirtschaftlichkeit des Schanzenbetriebs gesteigert.

Chemie-, Energie- und Umwelttechnik

Klassische Anwendungen: Technische Porzellane

Die starken Bindungen zwischen den Atomen verleihen keramischen Werkstoffen nicht nur Härte und Verschleißfestigkeit, sondern auch Beständigkeit gegen Korrosion. Vereinfacht gesagt bedarf es einer hohen Energie, um einzelne Atome aus dem Kristallgitter zu lösen; dementsprechend gut halten diese Werkstoffe

Chemie-, Energie- und Umwelttechnik

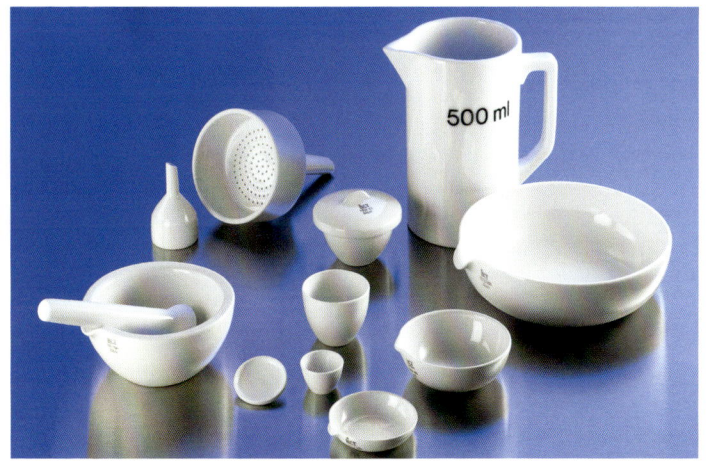

dem Angriff unterschiedlichster Medien stand. Da sie zudem hohe Temperaturen vertragen, haben sich Keramiken insbesondere in der Chemie-, Energie- und Umwelttechnik einen festen Platz erobert. So gehören beispielsweise Tiegel aus hochwertigem Laborporzellan zu den klassischen Arbeitsmitteln des Chemikers (Abb. 25).

Abb. 25: Messbecher und Mörser aus Hartporzellan – ein vertrauter Anblick in Laboratorien

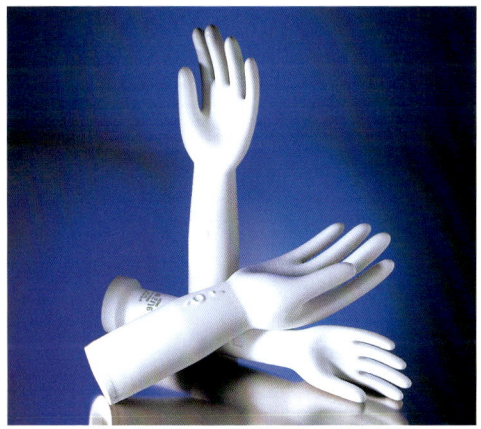

Abb. 26: Tauchformen für Kunststoffhandschuhe für den Einsatz in Industrie, Haushalt und in der Chirurgie

52 Keramik in der Anwendung

Tauchformen für Handschuhe

Eine weitere Anwendung für Technische Porzellane sind Tauchformen für Handschuhe aus Latex, Vinyl oder PVC (Abb. 26). Dabei wird die Handform in die flüssige Kunststoffmasse getaucht; der Kunststoff haftet gleichmäßig an der Tauchform, trocknet, und nach verschiedenen weiteren Verarbeitungsschritten kann der Handschuh von der Form abgezogen werden. Bei dieser Anwendung kommen dem Technischen Porzellan die Eigenschaften Thermoschockbeständigkeit, Resistenz gegen korrosive Medien und geringer Ausdehnungskoeffizient zugute.

Keramische Lager, Dicht- und Regelscheiben

Förderung abrasiver, korrosiver Medien

Überall dort, wo Pumpen flüssige korrosive und abrasive Medien befördern, verwendet man heute für Lager, aber auch für andere Pumpenkomponenten wie Wellen, Buchsen und Dichtungen Technische Keramik.

Hohe Anforderungen an das Material werden insbesondere in der Chemischen Industrie gestellt, wo starke Säuren oder Laugen über Leitungen zu den Reaktionsbehältern zu transportieren sind. Häufig enthalten diese Medien auch Feststoffe, die bei hohem Druck und hoher Geschwindigkeit in Lager- bzw. Dichtspalten bei konventionellen Werkstoffen verheerend wirken würden. Besonders strenge Anforderungen stellen auch die Nahrungsmittel- und die Kosmetikindustrie. Dort ist Korrosion etwa von Pumpenbauteilen völlig inakzeptabel. Hier

Physiologisch unbedenklich

weist die physiologische Unbedenklichkeit der Keramikwerkstoffe neue Wege im Maschinenbau (Abb. 27). Beispielsweise werden hochviskose Medien wie Teige aller Art, Wurst bzw. Pasten, Marmelade und Cremes mit keramischen Mahlwerkzeugen und Auskleidungen aus Siliziumcarbid zerrieben und mit Pumpen gefördert, die mit Keramiklagern und -dichtungen ausgestattet sind.

Abb. 27:
Düsen, Gleitringe und Rohre aus Siliziumnitrid für den Maschinen- und Anlagenbau

Besondere Vorsicht ist nötig, wenn Lager trockenlaufen. Zwar können Aluminium- und Zirkonoxid dann nicht kaltverschweißen wie Metalle, doch dem plötzlichen Temperaturwechsel bei Wiedereintritt des flüssigen Mediums würden sie unter Umständen nicht standhalten. In diesen Fällen wäre Siliziumcarbid mit seiner geringen thermischen Ausdehnung und der gleichzeitig hohen Wärmeleitfähigkeit das am besten geeignete Material.

Doch nicht allein in der Industrie findet man diese Hightech-Bauteile, auch im Haushalt haben sie sich etabliert. So befinden sich mittlerweile in jedem Geschirrspüler zum Beispiel Gleitringe oder Axiallager aus Keramik, um durch die geringe Reibung der keramischen Bauteile geräuscharmen Betrieb auf lange Zeit zu gewährleisten. Brauchwasser- und Heizumwälzpumpen sind ebenfalls mit Keramiklagern ausgerüstet. In hochwertigen Espressoautomaten werden keramische Steuerscheiben eingesetzt. Neuerdings werden die Mahlscheiben

Hochleistungskeramik im Haushalt ...

54 Keramik in der Anwendung

... und im Sanitärbereich

keramisch ausgeführt, denn die konstante Mahlfeinheit bestimmt den Geschmack des Kaffees.

In Badezimmern und Küchen ist Hochleistungskeramik seit langer Zeit zu Hause, zum Beispiel in Form von Dicht- und Regelscheiben in hochwertigen Ein- oder Zweihandmischarmaturen (Abb. 28 links). Nach dem Prinzip eines Planschieberventils sitzt eine Grundscheibe fest und verdrehungssicher im Gehäuse. Darüber ist die Steuerscheibe beweglich angeordnet und mit dem Betätigungshebel verbunden. Je nach Stellung der beiden Scheiben zueinander sind die Öffnungen für Warm- und/oder Kaltwasser in der Grundscheibe frei oder blockiert (Abb. 28 rechts). Die Keramikscheiben haben einen Durchmesser von bis zu 60 mm. Um ein reibungsarmes Gleiten und eine gute Dichtheit des Verschlusses zu ermöglichen, wird ihre Höhe auf ± 0,05 mm genau eingestellt bei einer Ebenheitsanforderung von bis zu 0,6 µm und einem Oberflächentraganteil von 50 bis 80 %. Mikroporen im Gefüge werden beim Nachbearbeiten geöffnet, sodass sie Schmiermittel aufnehmen können. Sie bilden dafür ein dauerhaftes Reservoir – selbst nach

Abb. 28:
Links: Keramische Dicht- und Regelscheiben sorgen für die lange Funktionsfähigkeit von Einhandmischarmaturen. Rechts: Schematische Darstellung des Regelprinzips

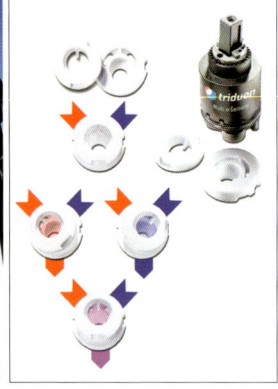

zwei Millionen Betätigungszyklen unter realen Betriebsbedingungen konnten noch ausreichende Fettreste nachgewiesen werden. Überdies nehmen die Poren auch Feststoffpartikel auf, die mit dem Wasser mitgeführt werden, und vermindern dadurch ebenfalls den Verschleiß; die meisten dieser Teilchen werden allerdings zwischen den beiden Scheiben zerrieben und so unschädlich gemacht.

Keramische Katalysatorträger

Viele Ausgangsstoffe und Produkte der Chemischen Industrie können heute nur mit katalytischen Verfahren wirtschaftlich hergestellt werden. Schätzungsweise 70 bis 80 % aller großtechnischen Syntheseverfahren verwenden Katalysatoren, also Stoffe, die eine chemische Reaktion erleichtern oder beschleunigen, ohne selbst dabei verbraucht zu werden. Katalysatoren sind allerdings häufig sehr teuer. Um mit möglichst geringen Mengen auszukommen, bringt man sie in dünner Schicht auf ein Trägermaterial auf. Das ist auch dann erforderlich, wenn der Katalysator mechanisch wenig stabil

Abb. 29: Katalysatorträger sind wichtig bei vielen chemischen Synthesen.

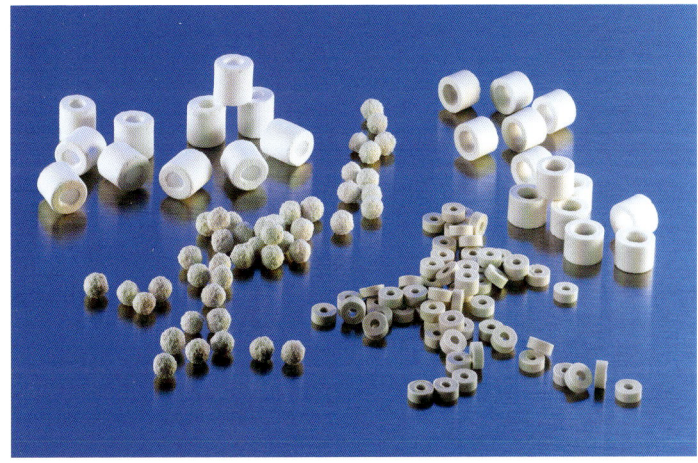

Einsatz bei Oxidationsprozessen

ist oder ohnehin eine dünne Schicht benötigt wird, etwa um die wirksame Oberfläche so groß wie möglich zu gestalten.

Keramische Katalysatorträger bilden eine wichtige Untergruppe der üblicherweise eingesetzten Materialien. Sie werden hauptsächlich bei selektiven Oxidationsprozessen verwendet, etwa bei der Herstellung von Acrylsäure aus Propylen oder Ethylenoxid aus Ethylen. Je nach Anwendung eignen sich dichte oder poröse Träger, meist als Ringe, Kugeln oder sphärische Granulate ausgeführt (Abb. 29). Als Keramiken kommen Steatit und Aluminiumoxid zum Einsatz.

Elektrotechnik und Elektronik

Isolierbauteile in der Elektrotechnik

Hart, hitzebeständig und korrosionsfest – das sind drei wesentliche Merkmale von Keramiken, zu denen sich ein weiteres gesellt, das für die Elektrotechnik und Elektronik von Bedeu-

Abb. 30:
Keramik für die Elektrotechnik: Gehäuse, Röhren, Plättchen sowie weitere Isolationsbauteilgeometrien

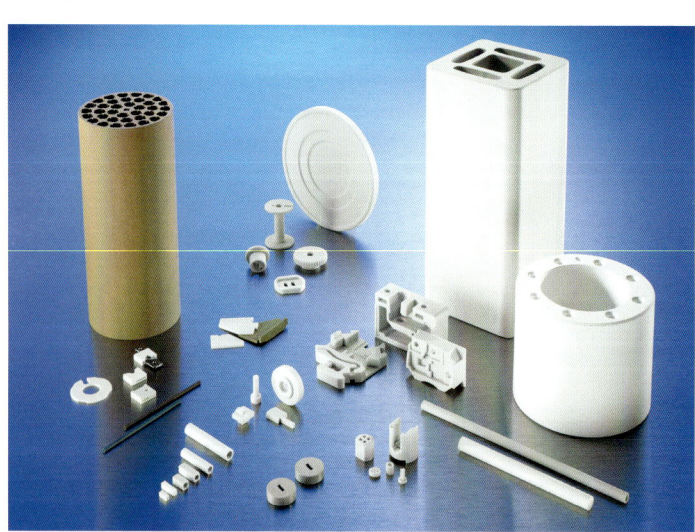

Elektrotechnik und Elektronik

tung ist: Keramiken isolieren sehr gut gegen elektrischen Stromfluss. Deshalb bestehen Isolierbauteile in elektrischen Geräten, Reglern und Beleuchtungskörpern aus speziellen Keramiken (Abb. 30). Auch Sicherungen werden aus diesem Material gefertigt. So schützen gasgefüllte Röhrchen aus Aluminiumoxid elektrische und elektronische Anlagen gegen Überspannungen. Schlägt der Blitz beispielsweise in einen Telefonmast ein, darf die Überspannung nicht die gesamte Anlage lahmlegen. Zur Sicherung werden bei sogenannten Überspannungsableitern (Abb. 31) zwei metallische Elektroden durch ein normalerweise nichtleitendes Gas in einer keramischen Isolierhülse getrennt. Der Spannungspuls zündet einen Lichtbogen, der für kurze Zeit Strom führt und so die Überspannung ableitet. Danach bricht der Lichtbogen zusammen, und das Bauteil ist wieder einsatzbereit.

Neben dem Einsatz in Sicherungen sind speziell konzipierte Keramik-Metall-Verbundbau-

Einsatz in Sicherungen

*Abb. 31:
Überall dort, wo starke Ströme fließen, findet auch Keramik Anwendung, so zum Beispiel als Überspannungsableiter oder als Gehäuse von Thyristoren und Dioden.*

teile als elektrische Durchführungen, Multi-Pin-Stecker, Koaxialstecker, Thermoelemente, Isolatoren oder Schaugläser in technologisch anspruchsvollen Gebieten wie der Luftfahrt, der Medizintechnik, der Mikrowellentechnik, der Lasertechnik, der Ölförderung sowie der Telekommunikation weit verbreitet. Teilweise finden sie sich auch in der Weltraumtechnik oder in der Mikroskopie (Rasterelektronenmikroskop). Diese sehr robusten Bauteile widerstehen Ultrahochvakuum(UHV)-Umgebungen (Abb. 32), Temperaturen von etwa −270 °C bis

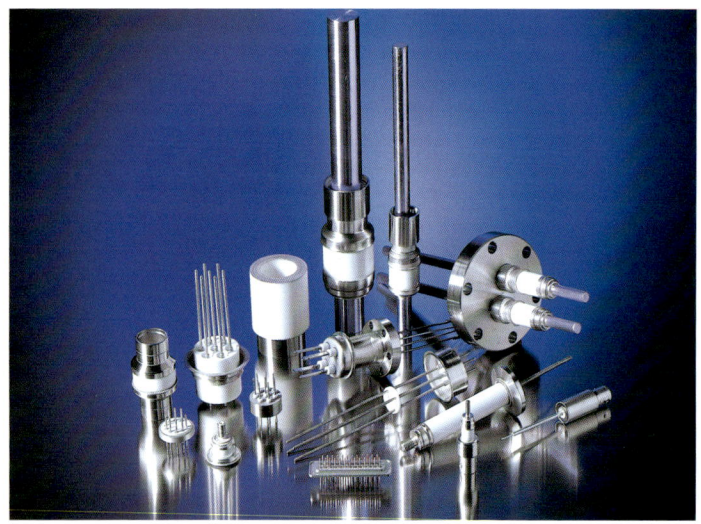

Abb. 32:
Vakuumdichte Keramikprodukte

zu + 450 °C, einem Druck von bis zu 1700 bar sowie auch stark korrosiven und ätzenden Umgebungen.

Kriechstromfestigkeit

Ein weiterer Vorteil ist die sogenannte Kriechstromfestigkeit der Keramiken: Unter dem Einfluss von Feuchte und Korrosionsmedien können auf der Oberfläche von Bauteilen aus anderen Materialien elektrisch leitende Verbindungen entstehen und sich sozusagen einbrennen.

Hochleistungskeramiken hingegen bewahren ihr Isolationsvermögen auch bei widrigen Umgebungsbedingungen und hohen Spannungen.
Dies ist unter anderem der Grund dafür, dass Hochspannungs- und Fahrleitungsmasten mit Isolatoren aus Silikatkeramiken versehen sind. Damit Regen besser ablaufen kann, werden in die extrudierten Rohre Schirme eingefräst. Bei Anbringung an Masten werden die Leitungen in die Isolatoren eingehängt; mehrere Tonnen an Zuglasten dann oft an den keramischen Produkten. In Umspannwerken wählt man eine andere Bauweise. Dort stützen die Isolatoren die Leitungen von unten. Auch Tragwerke von Antennenanlagen und deren Zuleitungen werden traditionell von Keramik isoliert – bis zu 1000 t Gewicht können am Fuß eines solchen Masts auf einem Isolator mit der Fläche eines DIN-A4-Blatts ruhen.

Mechanische Stabilität

Technische Keramik für die Elektronik

Elektronische Schaltungen lassen sich mit wenigen Hauptkomponenten wie Platinenmaterialien, elektrischen Leiterbahnen, aktiven und passiven Bauelementen und Bereichen für mechanische Befestigungen aufbauen. Dazu werden heute moderne keramische Hochleistungswerkstoffe wie Aluminiumoxide, Aluminiumnitride, zirkonverstärkte Aluminiumoxide, Zirkonoxide oder auch Glaskeramiken eingesetzt. Je nach Einsatzzweck müssen diese Werkstoffe über Eigenschaften wie Wärmeleitfähigkeit, Festigkeit, elektrische Isolationsfähigkeit oder elektrische Leitfähigkeit und Korrosionsbeständigkeit verfügen.

Die sehr flachen und dünnen Platinen aus Keramik kommen vor allem dann zum Einsatz, wenn zum einen hohe Lebensdauer und große Zuverlässigkeit gefordert sind und zum anderen gleichzeitig schwierige Umgebungsbedingungen vorliegen, z. B. Anwendungstempera-

Flache Keramikplatinen

60 Keramik in der Anwendung

turen über 120 °C, Auftreten von Vibrationen oder Thermoschock.

Das Aufbringen der Metallisierung auf die Keramikplatinen erfolgt je nach Anforderungen auf unterschiedliche Arten. Am häufigsten angewendet wird die sogenannte Dickschichttechnologie. Dabei wird metallische Paste mit Hilfe des Siebdruckverfahrens appliziert und anschließend bei über 400 °C eingebrannt. Für Anwendungen, bei denen die Leiterbahnabstände und die Leiterbahnbreite weniger als 80 µm betragen, kommen Dünnschichttechnologien wie zum Beispiel das Sputtern zur Anwendung. Diese Verfahren erfordern allerdings deutlich geringere Oberflächenrauheiten der keramischen Platinen, die entweder über die Materialauswahl oder durch Hartbearbeitung eingestellt werden.

Dickschicht- ...

... oder Dünnschichttechnologie

Die Verbindung zwischen Metallisierung und Keramik erzielt Haftfestigkeiten von über 50 N/mm^2, d.h. ein Abschälen der Metallisierung, wie es bei Kunststoffplatten vorkommt, ist hier weitestgehend ausgeschlossen.

Herstellung mittels Folienguss

Die keramischen Platinen bzw. Substrate werden hauptsächlich über den Folienguss hergestellt. Zur Bearbeitung des Grünlings werden Verfahren wie Hacken, Stanzen, Prägen, Lochen und Lasern angewendet. Sind die Substrate gesintert, werden Ritzen und Löcher meist mittels Lasern in die Keramik eingebracht (Abb. 33). Je nach Anzahl und Geometrie der geforderten Produkte wird das jeweils wirtschaftlichste Bearbeitungsverfahren ausgewählt.

In passiven Komponenten wie elektrischen Kondensatoren, Widerständen und Spulenkörpern besteht der Kern ebenfalls aus Keramik. Hier hat die Miniaturisierung von Steuerungen, Mobiltelefonen und von Alltagselektronik wie Notebooks, Smartphones, Navigationssystemen oder DVD-Spielern einen Schub erfahren, da sich unter anderem die Baugröße

Elektrotechnik und Elektronik

Abb. 33:
Besonders dünne Keramiksubstrate werden mit dem Laser nachbearbeitet, um feinste Bohrungen und Geometrien zu erzeugen.

der Keramikkomponenten bei gleicher Funktion exponentiell verringert hat. Früher typische Bauteilgrößen von $2 \times 2 \times 4$ mm^3 liegen heute bei $0{,}25 \times 0{,}25 \times 0{,}5$ mm^3.

Gefragt sind auch immer mehr Schaltungssysteme, in denen die spezifischen Materialeigenschaften der Komponenten aufgrund der verschärften Einsatzbedingungen unbedingt zusammenpassen müssen. Ein Beispiel dafür ist die Wärmedehnung. Wird ein Stoff erwärmt, so dehnt er sich aus, kühlt er ab, so schrumpft er wieder. Unterscheiden sich verschiedene Stoffe oder Komponenten zu stark in ihrem Ausdehnungsverhalten, kommt es zu Verspannungen und in der Folge zu Ablösungen der unterschiedlichen Werkstoffe voneinander. Der Wärmedehnung kommt heute insofern eine wesentliche Bedeutung zu, da bei modernen hohen Integrationsdichten die elektrische Leistungsdichte und somit die Temperatur im Gehäuse zunimmt. Aktive Bauelemente wie Siliziumhalbleiter erzeugen ebenfalls Abwärme, die abgeführt werden muss, damit sich der

Kompatibilität verschiedener Materialien

Halbleiter nicht selbst zerstört. Auch hier tragen Hochleistungskeramiken zur höheren Lebensdauer und Zuverlässigkeit elektronischer Module bei, da sich der Siliziumhalbleiter direkt mit metallisierten Bereichen der Keramik verbinden lässt. Somit kann er die Verlustwärme ohne zusätzliche Barrieren über die keramische Platine abgeben.

Halbleitergehäuse sind nach heutigem Stand nur noch in den wenigsten Applikationen zu finden. Ähnliches gilt auch für elektrische Widerstände. Diese werden heute meist direkt auf die Platine gedruckt und eingebrannt. Umgesetzt werden solche Konzepte der direkten Applikation auf Keramik zum Beispiel in der Verwendung eines keramischen Kühlkörpers, der zugleich auch als Platine zum Einsatz kommt.

Verwendung keramischer Kühlkörper

Die neueren keramischen Werkstoffe definieren sich nicht mehr ausschließlich über die rein geometrischen Abmessungen, sondern vielmehr auch über ihre funktionalen Eigenschaften. Ein Beispiel ist der einstückige keramische Drucksensor, der in starre und flexible Bereiche unterteilt ist. Bei der Messung führt der außen anliegende Druck zu einer Verformung des flexiblen keramischen Bereichs. Eine auf diesem Bereich aufgebrachte Schaltung sendet ein druckproportionales Signal aus. Somit kann die Differenz zwischen Außen- und Innendruck bestimmt werden. Ein zweites Beispiel ist die Herstellung einer dreidimensionalen elektrischen Schaltung mit Hilfe von Glaskeramiken (z. B. LTCC; Low Temperature Cofired Ceramics). Sie erlauben es, durch geschickte Kombination von Keramik und Metallisierung in einem Fertigungsschritt eine mehrlagige Platine mit innenliegenden Leiterbahnen und Durchkontaktierungen herzustellen und somit gleichzeitig dort Induktivitäten, Kapazitäten und Widerstände zu realisieren. Nach dem Sintern liegt dann die

Bedeutung funktionaler Eigenschaften

dreidimensionale elektrische Schaltung in einem einstückigen Bauteil vor. Sie kann anschließend mit weiteren Komponenten bestückt und in ein System integriert werden.

Zur Steuerung von Verbrennungsprozessen tragen Keramiken ebenfalls bei. Zum Beispiel werden bestimmte Zirkonoxidsorten in Lambda-Sonden eingesetzt, um Sauerstoffkonzentrationen in Verbrennungsgasen zu messen und diese über die Steuerung der Luftzufuhr zu optimieren. Der Effekt der Sauerstoffleitfähigkeit ist auch von Bedeutung für die Hochtemperatur-Brennstoffzelle und eine entscheidende Eigenschaft für die Funktionsfähigkeit dieser Technologie.

Sauerstoffleitfähigkeit

Sensoren und Aktoren

Die bisherigen Beispiele mögen den Eindruck erwecken, dass sich Keramik nur als Werkstoff für passive Bauteile eignet. Doch sie kann nicht nur äußerst widrigen Bedingungen standhalten, spezielle Keramiken können auch einiges bewegen. Ursache ist der sogenannte Piezoeffekt (Abb. 34). In bestimmten Materialien sind elektrisch negativ und positiv geladene Ionen im Kristallgitter nicht gleichmäßig verteilt, sondern bilden Ladungsschwerpunkte aus. Nach außen hin erscheint der Kristall normalerweise elektrisch neutral, doch eine mechanische Kraft, die das Gitter verzieht, ver-

Abb. 34:
Wird ein piezoelektrisches Bauteil gedehnt (Mitte), gibt es elektrische Spannung ab. Wird es gestaucht (rechts), kehrt sich die Polarität der Spannung um.

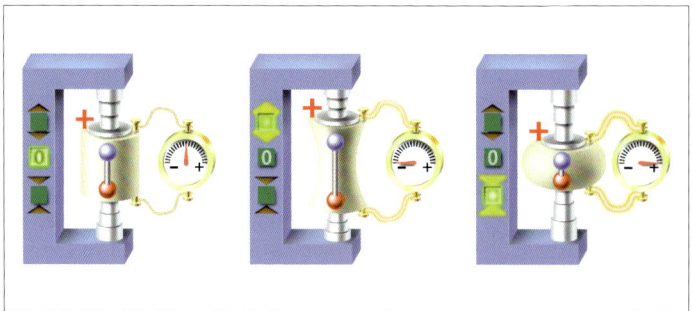

Piezoeffekt

schiebt die Schwerpunkte und polarisiert so den Kristall. Auf seiner Außenseite kann dann eine elektrische Spannung abgegriffen werden. Der Piezoeffekt funktioniert auch umgekehrt. Eine an den Kristall angelegte Spannung richtet die Ladungsschwerpunkte gleichmäßig aus und die Keramik dehnt sich.

Auf dieser elektromechanischen Wandlung beruhen zahlreiche Messfühler, zum Beispiel Crashsensoren im Automobil. Die rapide, negative Beschleunigung beim Aufprall erzeugt ein Spannungssignal, das verstärkt wird und letztlich den Airbag zündet.

Aktoren für die Lichtleittechnik

Aktoren, die auf wenigen Mikrometern Kräfte ausüben sollen, werden durch Anlegen einer entsprechenden Spannung an eine Piezokeramik nanometergenau gesteuert. Diese Präzision ist beispielsweise zur Justierung von Lichtleitfasern erforderlich. Meist bestehen solche Aktoren aus mehreren, jeweils nur 0,1 mm dicken Keramikschichten, um mit geringen Betriebsspannungen arbeiten zu können. Beispielsweise können mit einer Aktorlänge von 30 mm Stellwege bis 50 µm nanometergenau realisiert werden.

Ferroelektrische Keramiken

Die entsprechenden Keramiken gehören zur Gruppe der Ferroelektrika. Heute werden fast ausnahmslos Systeme auf Bleizirkonat-Titanat-Basis verwendet, also Mischkristalle aus Bleizirkonat ($PbZrO_3$) und Bleititanat ($PbTiO_3$). Ihre Kristallite weisen die erwähnte Ladungstrennung auf, wirken also als Dipole. Nach dem Sintern sind die Richtungen der Dipole statistisch verteilt und würden keinen Piezoeffekt zeigen. Deshalb werden sie noch durch ein elektrisches Feld ausgerichtet, der gesamte Kristall wird also polarisiert. Zu starkes Erwärmen kann diese Orientierung wieder aufheben, ebenso zu starke Druckbelastung; je nach Anwendung müssen die limitierenden Größen genau bedacht werden.

Ballistischer Schutz

Hochleistungskeramiken wie Aluminiumoxid und Siliziumcarbid spielen im Bereich des Personen- und Fahrzeugschutzes eine immer wichtigere Rolle. So werden beispielsweise Einsatzfahrzeuge von UN- und Nato-Friedenstruppen durch Zusatzpanzerungen auf der Basis von Keramik gegen Artillerie- und Mörsersplitter sowie gegen Minen geschützt (Abb. 35).

Für sich genommen ist Keramik allerdings spröde sowie stoßempfindlich und verfügt alleine über eine nur geringe ballistische Schutzwirkung. Im Verbund hingegen, zum Beispiel mit Polymeren, können Schutzanordnungen mit Gewichtsvorteilen von bis zu 50 % im Vergleich zu bisher verwendeten Stählen realisiert werden. Dabei basiert die Schutzwirkung von Keramik-Polymer-Kompositpanzerungen auf einem besonderen Mechanismus. Der Aufprall eines Geschosses auf die Keramikoberfläche bewirkt eine Verformung der Pro-

Abb. 35:
In der Geometrie genau auf das Schutzobjekt angepasst: Hochleistungskeramikkomponenten für den Fahrzeugschutz.

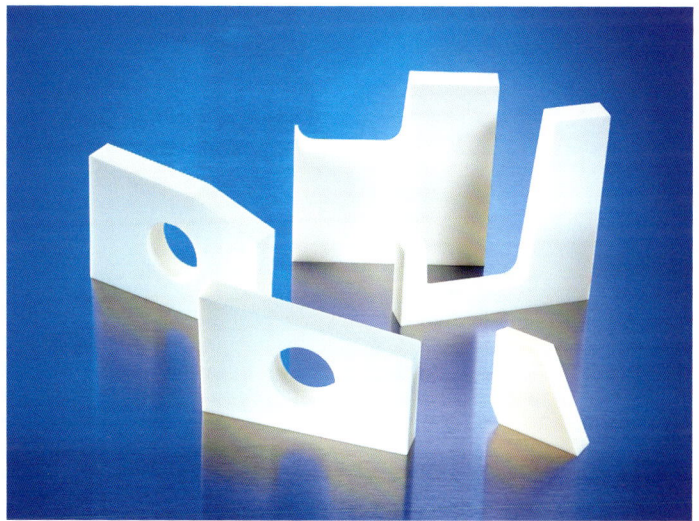

Abb. 36:
Im Verbund von Schutzkeramik und Backing wird das Geschoss mikronisiert.

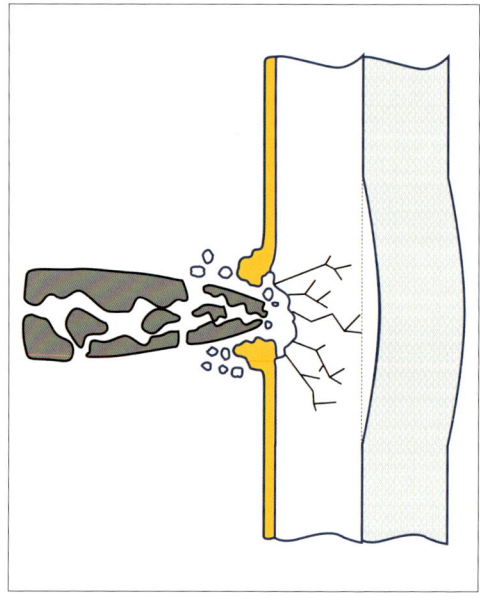

Mikronisierung

jektilspitze. Es kommt zu einer Vergrößerung des Wirkungsquerschnitts. Beim Durchdringen der Keramikschicht bricht das Geschoss dann in viele kleine Einzelteile, es wird mikronisiert (Abb. 36). Die kinetische Energie der Bruchstücke ist aufgrund deren geringerer Masse deutlich niedriger und wird durch elastischplastische Verformung in den dahinterliegenden Kunststoffschichten (Backing) vollständig absorbiert.

Personenschutz

Hohe Sicherheit bei verringertem Gewicht

Beim Personenschutz ist man bestrebt, die ballistische Leistung sowie den Tragekomfort von Schutzwesten zu erhöhen und gleichzeitig deren Gewicht zu senken. Überwiegend werden heute monolithische Keramikplatten in Schutzwesten verwendet. Darüber hinaus finden auch sogenannte Multi-Tile-Anordnungen Verwendung, die im Beschussfall die Rissausbreitung innerhalb des Schutzwestengesamtaufbaus reduzieren und somit die Mehrfachbeschusssicherheit erhöhen.

Fahrzeug- und Objektschutz
Verbundpanzerungen auf der Basis von Hochleistungskeramik haben sich im Fahrzeug- und Objektschutz als »Add-on-Armor« oder als integrierter Innenschutz auf vielfache Weise bewährt. Sie finden Anwendung bei Landfahrzeugen, Helikoptern, Schiffen oder auch mobilen Containern. Auch hier spielt der Gewichtsvorteil der Keramik-Polymer-Kompositpanzerungen eine wesentliche Rolle für deren Einsatz. Obwohl diese 30 bis 50 % leichter als die in diesem Bereich verwendeten Stähle sind, erreichen sie höchste ballistische Schutzniveaus.

Fahrzeugtechnik

Wie in kaum einem anderen Produkt findet man in Fahrzeugen, insbesondere Automobilen, einen Querschnitt modernster Technik. Anders lassen sich die zum Teil widersprüchlichen Anforderungen von Kunden und Herstellern kaum realisieren: Schonung von Umwelt und natürlichen Ressourcen, Leistung und Komfort, hoher Sicherheitsstandard, Zuverlässigkeit sowie Kosteneffizienz. Keramische Bauteile spielen dabei eine wichtige Rolle.
So wird das verschleiß- und korrosionsbeständige Aluminiumoxid schon seit einigen Jahren in der Kraftstoffförderung für die Seitenplatten der Zahnradpumpe verwendet (Abb. 37). Weitere Beispiele für den Einsatz von Aluminiumoxid sind Sensorbauteile sowie Drehschieberventile und Verschleißkomponenten für unterschiedlichste Pumpen. In der Kühlwasserpumpe hat sich Siliziumcarbid als Lager- und Dichtungswerkstoff aufgrund seiner guten

Siliziumcarbid als Dichtungswerkstoff

68 Keramik in der Anwendung

Abb. 37: Aluminiumoxid-Seitenplatten für Kraftstoffpumpen

Zirkonoxid für Hochtemperaturlager

Wärmeleitfähigkeit durchgesetzt (siehe auch Kap. »Chemie-, Energie- und Umwelttechnik«, S. 50 ff.). Hier ermöglicht dieser hochwertige Werkstoff durch seine mechanischen und thermischen Eigenschaften eine höhere Zuverlässigkeit im Betrieb im Vergleich zu anderen Lösungen. Beim Abgasregelventil wird ein Teil des heißen Abgases wieder in den Ansaugkanal rückgeführt und verbrannt, um die EU-Abgasnormen zu erfüllen. In Motornähe herrschen dabei Temperaturen von mehr als 450 °C. Weil Zirkonoxid einen dem Stahl vergleichbaren thermischen Ausdehnungskoeffizienten hat, sich also gut mit diesem Werkstoff verbinden lässt, fertigt man daraus Gleitlagerungen. Temperaturbeständigkeit sowie die guten tribologischen Eigenschaften der Werkstoffpaarung Zirkonoxid–Stahl ermöglichen hier den Betrieb eines schmierungsfreien Hochtemperaturlagers. Ein weiterer, häufig eingesetzter Werkstoff ist Siliziumnitrid. Dieser Werkstoff erlaubt durch seine sehr guten mechanischen

Eigenschaften (Festigkeit, Zähigkeit, Bruchwiderstand) den Einsatz in Anwendungen mit hoher oder auch schlagender Kontaktbeanspruchung. Aufgrund seiner geringen Dichte können weitere Vorteile insbesondere in dynamischen Anwendungen genutzt werden. Diese Eigenschaften machen Siliziumnitrid zu einem Werkstoff, der sich für die Downsizing-Strategien der Fahrzeughersteller (Verkleinerung des Motors bei gleichzeitiger Erhöhung der Leistungsdichte) eignet.

Siliziumnitrid für dynamische Anwendungen

Der geregelte Katalysator ist Standard in der Abgasreinigung. Bei Temperaturen über 250 °C und ausgeglichenem Verhältnis von Luft und Kraftstoff bei der Verbrennung beseitigt er wirkungsvoll einen Großteil der Kohlenwasserstoffe, Stickoxide und des Kohlenmonoxids. Der »Kat« besteht aus einem Silikatkeramikkörper, durchzogen von tausenden kleiner Kanäle, die vom Abgas durchströmt werden. Auf einem Belag aus Aluminiumoxid befindet sich die katalytisch wirksame Schicht aus Platin und Rhodium. Aus Silikatkeramik bestehen häufig auch die Sockel der Halogenlampen. Kunststoffe können für diesen Zweck aufgrund hoher Temperaturen nicht mehr eingesetzt werden.

Katalysator aus Silikatkeramik

Auch die Piezokeramik ist prominent im Fahrzeugbau vertreten. Daraus gefertigte Klopfsensoren registrieren das schädliche Klopfen, Folge der Verwendung ungeeigneten Benzins oder geänderter Betriebsbedingungen. Das Kennfeld der Zündung wird entsprechend nachgeregelt. Die Verbrennung lässt sich auf diese Weise sehr nahe an der Klopfgrenze halten, was den Benzinverbrauch senkt.

Andere Piezosensoren lösen bei einem Unfall innerhalb von Sekundenbruchteilen das Straffen der Gurte und das Aufblasen des Airbags aus. Dazu klebt man beispielsweise zwei gegensinnig polarisierte Piezokeramikplättchen

Piezokeramiken für Crash- …

70 Keramik in der Anwendung

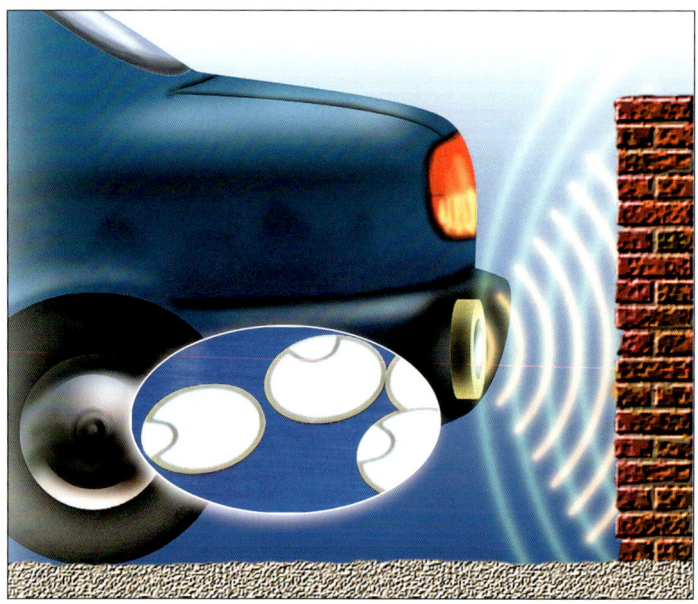

Abb. 38: Piezokeramische Bauteile senden und empfangen Schallwellen zur Ermittlung von Entfernungen bei Abstandssensoren.

... und Abstandssensoren

aufeinander. Bei einer starken Verzögerung biegt sich dieser Verbund durch und erzeugt eine elektrische Spannung. Überschreitet diese einen Schwellenwert, werden die Sicherheitssysteme ausgelöst. Eine Anwendung, die sich in den letzten Jahren stark durchgesetzt hat, sind Ultraschallgeber als Abstandsmesser beim Rückwärtsfahren. Aus der Laufzeit des reflektierten Signals wird die Entfernung zu einem Hindernis errechnet (Abb. 38).

Auch als Aktoren verrichten Piezokeramiken gute Dienste, beispielsweise steuern sie ABS-, Diesel- oder Benzineinspritzventile (Abb. 39). Weil Vielschichtaktoren eine hohe Dynamik aufweisen, lässt sich sogar ein mehrstufiger Zyklus mit Voreinspritzung erreichen. Die Haupteinspritzmenge wird dabei so geregelt, dass sie dem tatsächlichen aktuellen Brennstoffbedarf des Motors entspricht.

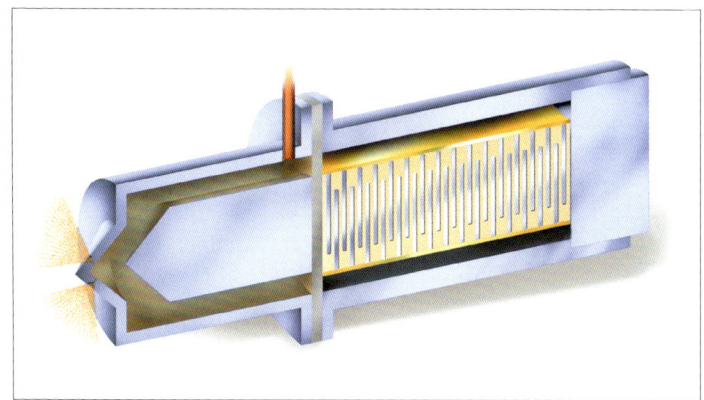

Eine spezielle Anwendung sind sogenannte Preforms für Zylinderlaufbuchsen (Abb. 40): Indem man als eigentliche Lauffläche eine hochporöse Siliziumhülse in einem Druckgussverfahren mit Aluminiumschmelze infiltriert, entsteht direkt im Motorblock eine Zylinderlauffläche aus einem metallkeramischen

*Abb. 39:
Die Steuerung von Einspritzdüsen erfolgt über piezokeramische Aktoren.*

*Abb. 40:
Höchste Verschleißfestigkeit und gute Tribologie vereinen Zylinderbuchsen mit eingegossener Silizium-Preform.*

Metallkeramischer Verbundwerkstoff

Verbundwerkstoff mit hervorragenden tribologischen Eigenschaften. Dieses Verfahren ermöglicht eine erhebliche Gewichtseinsparung gegenüber einer herkömmlichen Ausführung aus Guss.

Medizintechnik

Künstliche Hüftgelenke

Jeder zehnte Bundesbürger leidet unter Hüftbeschwerden: Beim Gehen, ja selbst im Liegen schmerzt die Hüfte, und die Beweglichkeit des Gelenks ist eingeschränkt. Ursache dafür ist häufig eine Arthrose, also ein Abbau des die Gelenkflächen verkleidenden und polsternden Knorpels. Alter, Fehlbelastung, mangelnde Bewegung oder Krankheit bewirken den Verschleiß, eine starke Einbuße an Lebensqualität ist oft die Folge. Ist die Erkrankung bereits weit fortgeschritten, rät der Arzt zum künstlichen Hüftgelenk – weltweit mehr als 1,5 Millionen Mal pro Jahr.

Arthrose – ein häufiges Leiden

Die Form des natürlichen Gelenks kommt der Prothetik entgegen: Ein kugelförmiger Kopf greift in eine schalenförmige Gelenkpfanne.

Nach verschiedenen, bis in das 19. Jahrhundert zurückreichenden Fehlversuchen wurden Ende der 40er-Jahre des 20. Jahrhunderts erste halbwegs funktionsfähige Prothesen in England entwickelt: Schaft und Kugel bestanden aus Edelstahl und waren aus einem Guss gefertigt. Die Pfanne hatte man zunächst nicht ersetzt. Wenig später gab es auch dafür eine Prothese aus speziellem Polyethylen (Ultra-High-Molecular-Weight-Polyethylen, PE-UHMW). Die Schmierung des künstlichen Gelenks übernahm wie beim natürlichen die im Körper gebildete Gelenkflüssigkeit.

Die ersten funktionsfähigen Prothesen

Leider verschleißt der Kunststoff bei dieser Materialpaarung recht stark. Schließlich kann beim Gehen und Laufen das bis zu Fünffache, beim Stolpern sogar das bis zu Zehnfache des Körpergewichts auf das Gelenk einwirken; innerhalb von zehn Jahren ergibt der Gangzyklus etwa 20 Millionen Lastwechsel. Typische Werte des dabei auftretenden Abriebs liegen bei 0,2 bis 0,5 mm pro Jahr (Tab. 3). Dabei entstehen viele und zudem recht große Polyethylenpartikel, die eine Entzündungsreaktion auslösen. Oft lockert sich die Prothese schon nach nicht einmal zehn

Starker Verschleiß von Kunststoff

Materialkombination	Jährlicher Abrieb
Metall/Polyethylen (PE-UHMW)	0,2 mm
Keramik/Polyethylen (PE-UHMW)	0,1 mm
Keramik/Keramik	0,05 mm
Gelenkkugelkopf und Pfanne aus heißisostatisch gepresstem Al_2O_3	< 0,001 mm

Tab. 3: Abriebwerte verschiedener Materialpaarungen für Hüftgelenkkugelköpfe und Pfanneninserts im Vergleich

Jahren und muss schließlich, sofern noch möglich, ersetzt werden. Da mittlerweile bereits Personen unter 50 Jahren ein künstliches Hüftgelenk erhalten, die Lebenserwartung der Bevölkerung zudem wächst, ist das ein unbefriedigender Zustand.
Eine echte Verbesserung bringt der Ersatz des Metallkopfs durch einen aus Hochleistungskeramik. Dafür stehen reine Aluminiumoxidkeramik sowie eine Aluminiummischoxidkeramik zur Verfügung. Das Einsetzen eines keramischen Kugelkopfs erfordert eine modulare Bauweise, bei der die Kugel auf einen Schaft aus einer Legierung aus Titan oder Kobalt-Chrom-Stahl geklemmt wird. Anfang der 70er-Jahre hat man derartige Implantate zum ersten Mal eingesetzt. Das Pfannengehäuse besteht aus Titanlegierungen, Reintitan oder Kobalt-Chrom-Legierungen. Meist wird für den Einsatz das Ultra-High-Molecular-Weight-Polyethylen verwendet. Dessen Abrieb verringert

Optimale Kombination: Keramik/Keramik

sich schon auf weniger als 0,1 mm pro Jahr, die Lockerungsrate halbiert sich.

Optimal ist die Gleitpaarung aber erst, wenn auch eine Gelenkpfanne mit Keramikeinsatz, also die Werkstoffpaarung Keramik/Keramik (Abb. 41), verwendet wird. Verwendet man heißisostatisch gepresstes Aluminiumoxid mit seinem feinen Gefüge für beide Komponenten, reduziert sich der bioinerte Abrieb um Größen-

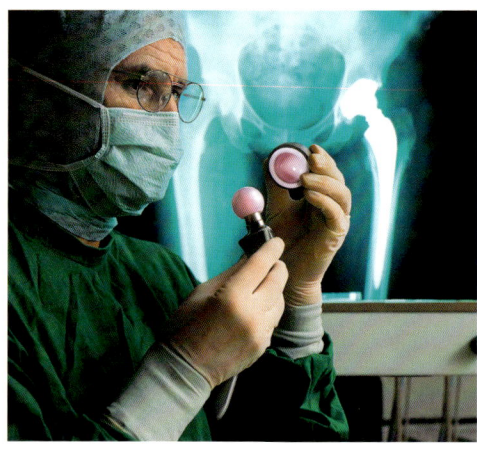

Abb. 41:
Hüftgelenkprothese mit keramischem Kugelkopf und Pfanneninsert sowie einem Hydroxylapatit-beschichteten Edelmetallschaft

ordnungen, nämlich auf weniger als 0,001 mm pro Jahr. Zudem sind die Abriebpartikel sehr viel kleiner, Entzündungsreaktionen bleiben nach bisherigen Erfahrungen aus. Ein weiterer Schritt nach vorne gelingt durch die Verwendung von Aluminiummischoxidkeramiken. Hier ist Zirkonoxid ein weiterer Bestandteil der Keramik. Durch die Hinzunahme dieses Stoffs gelingt es, das Gefüge im Vergleich zur reinen Aluminiumoxidkeramik noch mehr zu verfeinern. Zudem bewirkt das Zirkonoxid risshemmende Mechanismen, die dazu führen, dass die mechanische Festigkeit sowie die Sicherheit gegen Rissausbreitung mehr als verdoppelt werden. Laboruntersuchungen zeigten, dass selbst unter extremen Testbedingungen der Abrieb einer Hart-Hart(Keramik-Keramik)-Paarung aus Aluminiumoxidmischkeramik um das Siebenfache im Vergleich zu der aus reiner Aluminiumoxidkeramik verringert wird.

Die Fixation von Pfanne und Schaft kann verbessert werden, indem man die Implantate beschichtet. Seit knapp 20 Jahren setzen Orthopäden Implantate ein, die mit Hydroxylapatit beschichtet werden. Diese Substanz, die 60 bis 70 % des Knochens ausmacht, bildet beim Plasmaspritzen, einem Verfahren zur Beschichtung von Metallen mit hochschmelzenden Materialien, ein vielfach verflochtenes Gitterwerk aus Kalziumphosphat-Kristallen aus. In die Zwischenräume können rasch neue Knochenzellen einwachsen und schon nach wenigen Tagen für festen Halt der Prothese sorgen.

Hydroxylapatit für festen Halt der Implantate

Über vier Millionen Menschen tragen inzwischen Gelenkkugelköpfe aus Aluminiumoxid, Hunderttausende zudem keramische Pfannen. Erfahrungswerte mit der Beschichtung aus Hydroxylapatit gibt es seit etwa 20 Jahren. Die Ärzte hoffen, dass mit solchen optimalen Materialpaarungen mit geringem Verschleiß und langer Haltbarkeit – und individuell abgestimmter Planung und Operation – gerade jüngeren Patienten der operative Austausch der ersten Hüftprothese erspart bleibt.

Die Aluminiumoxidmischkeramik stellt auch für Weiterentwicklungen und zukünftige neue Anwendungen den idealen Werkstoff dar. Mit diesem lassen sich sowohl geringere Wandstärken für Hüftkomponenten erzielen als auch komplexe Geometrien herstellen, wie sie etwa in der Knieendoprothetik benötigt werden. Das klinische, funktionelle und radiologische Verhalten eines neuen Knieprothesensystems mit einer keramischen Femur-, d.h. Oberschenkelknochenkomponente, die gegen eine Polyethylenkomponente des Unterschenkels läuft, wird in einer

Anwendungspotenzial Knieendoprothetik

internationalen Multicenterstudie derzeit evaluiert – mit bislang hervorragenden Ergebnissen. Aufgrund der bereits erwähnten tribologischen Eigenschaften besteht die Option, die Abriebentstehung beim Gelenkersatz zu reduzieren und die potenzielle Gefahr einer »Partikelkrankheit« mit lokalen Osteolysen (Auflösungen von Knochengewebe) und aseptischer Implantatlockerung zu verringern.

Keramik bei allergischen Reaktionen

Ein weiterer Aspekt bei Implantationen ist die allergische Reaktion gegen Metall. Werden metallische Implantatbestandteile nicht vertragen, bietet sich als Alternative zu den Standardsystemen aus Kobalt-Chrom die biologisch inaktive Keramik an. Eine weitere Entwicklung ist ein Monoblock-System, das aus einem vorgefügten Verbund aus Keramikinsert und Metallschale besteht, deren Gesamtwandstärke nur ungefähr 5 mm beträgt. In der Entwicklung sind auch künstliche Bandscheiben, die zusammen mit einer entsprechenden Knochenverankerung keine Artefakte in der Magnetresonanztomographie (MRT) erzeugen.

Piezokeramik in der Medizintechnik

Der Mensch vermag Schall bis etwa 20 kHz zu hören, Fledermäuse hingegen nutzen höherfrequenten Ultraschall, um sich anhand der Reflexionen in ihrer Umgebung zurechtzufinden und Beutetiere auszumachen. Moderne Piezokeramiken erschließen den Ultraschall auch dem Menschen: Durch entsprechende Wechselspannungen in Schwingung versetzt, erzeugen sie hochfrequente Schallsignale.

Ultraschallerzeugung

Ein wichtiges Anwendungsgebiet der Ultraschalltechnik ist die Medizin. Die unterschiedlichen Ausbreitungsgeschwindigkeiten in den verschiedenen Körpergeweben bedingen Änderungen der Laufzeiten von Ultraschallsignalen. Deshalb lassen sich Körperstrukturen aus den Reflexionen erschließen und darstellen.

Medizintechnik 77

Abb. 42:
Die Wirkung von Nierensteinzertrümmerern beruht auf Ultraschallstoßwellen, die durch Piezokeramiken erzeugt werden.

Die Ultraschalldiagnostik ist längst eine Selbstverständlichkeit in der vorsorglichen Untersuchung von Ungeborenen sowie in der Krebsdiagnostik.

Weil sich die Frequenz, mit der der Schall wahrgenommen bzw. gemessen wird, ändert, wenn sich die Schallquelle bzw. der Schallreflektor auf den Detektor zu- oder von ihm wegbewegt, und zwar umso stärker, je größer die Relativgeschwindigkeit ist, kann man aus dem Frequenzunterschied von ausgesandtem und nach Reflexion empfangenem Signal beispielsweise auch auf den Blutfluss in Gefäßen rückschließen. Nach dem Entdecker des Effekts, dem österreichischen Physiker Christian Johann Doppler (1803 bis 1853), spricht man von der Doppler-Sonographie.

Doppler-Sonographie

Mit jeder Schallwelle geht eine Bewegung der Moleküle des leitenden Mediums einher. Je stärker die Amplitude der Welle, desto mehr schwingen sie aus ihrer Ruheposition. Bei der sogenannten Stoßwellen-Lithotripsie macht

Ultraschall in der Medizin

man sich diesen Effekt zunutze und koppelt sehr energiereiche Ultraschall-Stoßwellen in den Körper ein. Auf Nieren- oder Gallensteine fokussiert, vermögen sie diese Koliken auslösenden Konglomerate schmerzfrei in kleinere Bruchstücke zu zertrümmern, die dann abgehen können (Abb. 42).

Ultraschall wirkt aber auch bei der Entfernung von Zahnstein und in Zerstäubern von Inhalationsgeräten. Die Schallwellen übertragen Energie auf die Flüssigkeit, in der pharmakologisch wirksame Substanzen gelöst sind, und sorgen so dafür, dass sich von der Flüssigkeitsoberfläche feine Tröpfchen ablösen. In der Behandlung von Muskelschäden fördert Ultraschall den Heilungsprozess. Vom Prinzip her sind all diese Anwendungen vergleichbar, wobei die übertragene Schallenergie natürlich geringer ist als bei der Lithotripsie.

Dentalkeramik

Dentalmedizinische Anwendungen

Wer schon einmal unbeabsichtigt auf einen Kirschkern gebissen hat, vermag nachzuvollziehen, welche Kräfte auf Zähne oder Zahnersatz wirken. Diesen hohen Belastungen müssen keramische Zahnersatzprodukte standhalten. Hersteller prüfen die Festigkeit ihrer dentalmedizinischen Materialien auf Biegebruchfestigkeiten bis zu 1500 MPa. Eben diese Festigkeit, aber auch weitere Eigenschaften wie Biokompatibilität, Kantenfestigkeit, Zähigkeit, hydrothermale Beständigkeit und Biegefestigkeit prädestinieren keramische Werkstoffe für den Einsatz im Bereich der Dentalmedizin. Anwendung finden sie beispielsweise bei Zahnimplantaten, Abutments (Implantataufsätzen), Blanks als Vorprodukte für Brücken und Kronen (Abb. 43), bei Brackets für Zahnspangen und als Bohrerrohlinge.

Für den Einsatz in der Dentalkeramik heben sich zwei keramische Werkstoffe durch ihre

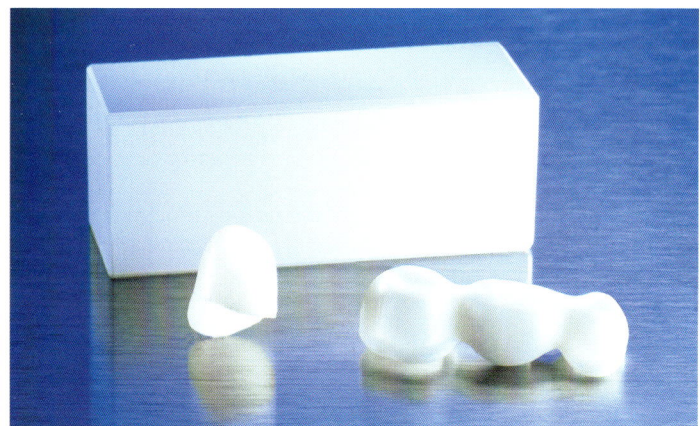

Abb. 43:
Keramisches Blank als Vorprodukt zur Herstellung von Kronen und Brücken in der Zahnmedizin

besonderen Eigenschaften besonders hervor: Yttrium-stabilisiertes Zirkonoxid sowie durchsichtiges (transluzentes) Aluminiumoxid.

Extrem feinkörniges, Yttrium-stabilisiertes Zirkonoxid (3Y-TZP) verdankt seinen Einsatz als Werkstoff für Implantate und Blanks seinen herausragenden mechanischen Eigenschaften. Insbesondere das Potenzial zur Umwandlung von der tetragonalen zur monoklinen Phase kommt bei dieser Anwendung positiv zum Tragen, da die spannungsinduzierte Umwandlung mit einer Volumenzunahme und somit mit der Entstehung von Druckspannungen verbunden ist. Es kommt somit zur Verstärkung des Gefüges bei Zugbelastung. Die daraus resultierenden hohen Festigkeiten, Zähigkeiten und Zuverlässigkeiten und die Möglichkeit unterschiedlicher Farbeinstellungen (blendend weiß, transluzent oder an die individuelle Zahnfarbe angepasst) zeichnen Yttrium-stabilisiertes Zirkonoxid aus.

Yttrium-stabilisiertes Zirkonoxid

Transluzentes Aluminiumoxid, hergestellt aus nanoskaligen Pulvern, besitzt eine hohe optische Lichtdurchlässigkeit und wird deshalb gern in der Zahnkorrektur als Werkstoff für

Transluzentes Aluminiumoxid

Kompositwerkstoffe ATZ und ZTA

Brackets eingesetzt. Zahnspangen, die heute auch häufiger von Erwachsenen getragen werden, fallen so kaum mehr auf.

Für weitere spezielle Anwendungen werden hochreines Aluminiumoxid und die Kompositwerkstoffe Alumina toughened Zirconia (ATZ) und Zirconia toughened alumina (ZTA) eingesetzt. ATZ besticht durch seine sehr hohe Zähigkeit und eine ausgezeichnete Festigkeit und wird beispielsweise bei Bohrerrohlingen eingesetzt. ZTA überzeugt durch die sehr gute Bruchzähigkeit, einen hohen Härtegrad und eine sehr hohe Festigkeit. Bei diesem Werkstoff bildet eine Matrix aus Aluminiumoxid mit einem Volumengehalt von 82 % die Basis. Durch die Aktivierung verschiedener Verstärkungsmechanismen werden die hervorragenden Eigenschaften dieses keramischen Werkstoffs noch einmal verbessert.

Zusammenfassung und Ausblick

Bereits heute ist Hochleistungskeramik tagtäglich, rund um die Uhr, als Teil eines Geräts, einer Anlage oder sogar im menschlichen Körper im Einsatz. Für den Anwender in der Regel unsichtbar, spielen keramische Bauteile meist eine wichtige oder sogar entscheidende Rolle. Die spezifischen Qualitäten Technischer Keramik kommen dort zum Tragen, wo andere Werkstoffe wie Metalle oder Kunststoffe geforderte Spezifikationen nicht erfüllen können. Die in diesem Buch aufgeführten Beispiele spiegeln nur einen kleinen Ausschnitt der Bandbreite wider, in der Keramik eingesetzt wird. Impulse für die Neu- und Weiterentwicklung von keramischen Werkstoffen und für die Verfahrenstechnik zur Herstellung modernster keramischer Bauteile kamen vorwiegend aus der Automobilindustrie, dem Maschinen- und Anlagenbau, der Medizintechnik, der Mess-

Abb. 44: Umwelt und Energie – auch hier wird Technische Keramik in der Zukunft neue Technologien ermöglichen.

und Sensortechnik sowie der Elektronik. Diese Bereiche werden neben den Wachstumsbranchen Energie- und Umwelttechnik (Abb. 44) auch zukünftig Treiber der Keramikbranche sein. Der Einsatz von Keramik als Werkstoff der Wahl wird in vielen Anwendungen auch in der Zukunft notwendig sein, um Anforderungen wie zunehmende Miniaturisierung, Prozesssicherheit, Produktivität, Energieeffizienz, Verschleißbeständigkeit, Leichtbau und Körperverträglichkeit gerecht zu werden.

Jede Anwendung und jedes keramische Bauteil stellt individuelle Anforderungen an die Fähigkeiten des Werkstoffs. Deshalb hängt der erfolgreiche Einsatz eines Produkts vor allem von der richtigen Werkstoffauswahl und Werkstoffeinstellung ab. Obwohl die Anwendungen sehr unterschiedlich sind, liegt der gemeinsame Fokus der Weiterentwicklung für noch zuverlässigere keramische Werkstoffe mit ganz besonderen Eigenschaften auf der Herstellung von feinkörnigen und fehlerfreien und damit noch zuverlässigeren keramischen Werkstoffen und dem gezielten Design der Gefüge. Dabei ist es notwendig, das Handling von feinsten, reinsten Pulvern im Nanometerbereich sicher zu beherrschen, um Verunreinigungen während des Verarbeitungsprozesses auszuschließen.

Optimierung in der Herstellung

Diese Materialentwicklungen werden manches Produkt und manchen Prozess erst ermöglichen. Daher bleibt die Keramik das, was sie zu Beginn ihrer Entwicklung im Zuge der Industrialisierung war: ein besonderer Werkstoff für höchste Ansprüche.

Der Partner dieses Buches

CeramTec GmbH
CeramTec-Platz 1-9
73207 Plochingen
Telefon: +49-7153-611-0
Telefax: +49-7153-611-673
technische-keramik@ceramtec.de
www.ceramtec.com

CeramTec entwickelt und fertigt Produkte für fast jeden Lebens-, Arbeits- und Technologiebereich aus einem der faszinierendsten Werkstoffe unserer Zeit: der Hochleistungskeramik. Die Anwendungen erstrecken sich von keramischen Komponenten für künstliche Hüftgelenke über Dicht- und Regelscheiben in Sanitärarmaturen, Schneidplatten zur Metallbearbeitung, Träger für elektronische Schaltungen, Geräte- und Maschinenelemente, Sicherungsbauteile, Schutzelemente bis hin zu Piezokeramiken als Kernbauteile von Sensorikprodukten. Von kundenspezifischen Einzelanfertigungen bis hin zu Millionenstückzahlen liefert CeramTec höchste Qualität und ist Vorreiter bei der Konzeption neuer Lösungen für immer breitere und anspruchsvollere Anwendungsbereiche.

Mit einem Umsatz von jährlich über 300 Millionen Euro und weltweit mehr als 3000 Mitarbeitern an Produktionsstandorten in Europa, USA und Asien ist CeramTec ein weltweit führender Hersteller für Hochleistungskeramik. Mit über 100 Jahren Entwicklungs- und Produktionserfahrung verfügt CeramTec über Spitzen-Know-how auf dem Gebiet der Technischen Keramik. Das Programm umfasst heute weit über 10 000 verschiedene Produkte, Komponenten und Bauteile sowie eine Vielzahl keramischer Werkstoffe.

Die Erfolgsformel der CeramTec heißt: Konsequente Entwicklung neuer Werkstoffe, hoher Qualitätsanspruch, Konzentration auf kundenspezifische Systemlösungen und dialogorientierte Anwendungsberatung über den gesamten Produktlebenszyklus. Dieses Credo macht CeramTec zu einem kompetenten Partner vieler Industriezweige.

Die Bibliothek der Technik · Wirtschaft · Wissenschaft

Grundwissen mit dem Know-how führender Unternehmen

Unsere neuesten Bücher

Technik

- **Gewinderollen**
  Eichenberger Gewinde
- **Konstruieren mit PTFE**
  ElringKlinger Kunststofftechnik
- **Modulare Werkzeugsysteme**
  Komet Group
- **Industrielle Kaffeeveredelung**
  Probat-Werke
- **Automation im Werkzeug- und Formenbau** *Zimmer+Kreim*
- **Blockzylinder** *AHP Merkle*
- **Flüssiggas** *Primagas*
- **Holzwerkstoff OSB** *Glunz*
- **Neuburger Kieselerde**
  Hoffmann Mineral
- **Polycarbonates**
  Bayer MaterialScience
- **Kran- und Aufzugtechnik** *Böcker*
- **Laborzentrifugen**
  Andreas Hettich
- **Profilsysteme für den Maschinenbau** *MiniTec*
- **Sicherheits- und Überlastkupplungen**
  R+W Antriebselemente
- **Frequenzumrichter**
  Mitsubishi Electric
- **Polymers for Electrical Insulation**
  Elantas

- **Lineare Bewegungstechnik**
  Rexroth
- **8-Gang-Automatgetriebe für Pkw**
  ZF Getriebe
- **Antriebsstrangprüftechnik**
  AVL
- **Laserschweißen von Kunststoffen** *Treffert*
- **Hochpräzise Kunststoffteile für den Automobilbau** *Swoboda*
- **Hotmelt Moulding** *Henkel, mikkelsen, OptiMel, U. Kolb*
- **Kontaktlose Energieübertragung**
  SEW-EURODRIVE

Wirtschaft

- **Direktbanking** *ING-DiBa*
- **Material Handling in Industrie und Distribution**
  Linde Material Handling
- **Absatzfinanzierung**
  GEFA Gesellschaft für Absatzfinanzierung
- **European Steel Distribution**
  Klöckner & Co

Wissenschaft

- **Dosiersysteme im Labor**
  Eppendorf
- **Wägetechnik im Labor** *Sartorius*

 Süddeutscher Verlag onpact

Süddeutscher Verlag onpact GmbH
Hultschiner Straße 8
81677 München

Gesamtverzeichnis unter:
www.sv-onpact.de

Bestellungen unter:
bdt@sv-onpact.de